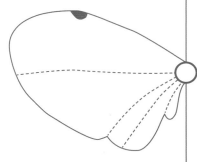

长白山
常见昆虫生态
图鉴

U0309523

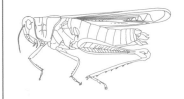

高等教育出版社·北京

内容简介

《长白山常见昆虫生态图鉴》一书旨在为昆虫学工作者及从事相关研究的科研人员提供有关长白山区自然概况、昆虫的一般知识及常见昆虫的生态图鉴等方面的基础性参考资料。全书共收录长白山昆虫的常见类群12目303种（包含11种未定种）。为方便读者查找，每种昆虫生态图片都标注了中文名及拉丁学名，书后附中文名、学名索引。

本书不仅可以满足专业人员的研究之需，也适合作为一本科普读物供广大昆虫爱好者阅读。

图书在版编目（CIP）数据

长白山常见昆虫生态图鉴 / 任炳忠等主编． -- 北京：
高等教育出版社，2020.6
ISBN 978-7-04-054327-8

Ⅰ．①长… Ⅱ．①任… Ⅲ．①长白山-昆虫-图集
Ⅳ．① Q968.223.4-64

中国版本图书馆CIP数据核字(2020)第111321号

Changbaishan Changjian Kunchong Shengtai Tujian

策划编辑　高新景	责任编辑　高新景	封面设计　王　鹏	版式设计　锋尚设计
责任印制　田　甜			

出版发行　高等教育出版社	网　　址	http://www.hep.edu.cn
社　　址　北京市西城区德外大街4号		http://www.hep.com.cn
邮政编码　100120	网上订购	http://www.hepmall.com.cn
印　　刷　北京信彩瑞禾印刷厂		http://www.hepmall.com
开　　本　787mm×1092mm　1/16		http://www.hepmall.cn
印　　张　12		
字　　数　270千字	版　　次	2020年6月第1版
购书热线　010-58581118	印　　次	2020年6月第1次印刷
咨询电话　400-810-0598	定　　价	45.00元

本书如有缺页、倒页、脱页等质量问题，请到所购图书销售部门联系调换
版权所有　侵权必究
物 料 号　54327-00

《长白山常见昆虫生态图鉴》
编委会

主 编

任炳忠　鲁　莹　朱　慧　王寅亮

副主编（以姓氏笔画为序）

王志明　王利明　曲业宽　李君健　刘　斐　孟庆繁　陈　琪　席景会

参编人员（以姓氏笔画为序）

王　军（吉林大学）	王志明（吉林农业大学）
王利明（信阳师范学院）	王寅亮（东北师范大学）
田　径（吉林农业大学）	曲业宽（沈阳市第一二四中学）
朱　慧（东北师范大学）	任炳忠（东北师范大学）
刘　斐（大连市第二十六中学）	许晓明（长春市园林植物保护站）
李　彦（沈阳农业大学）	李　娜（沈阳药科大学）
李志勇（吉林省养蜂科学研究所）	李君健（沈阳师范大学）
张　健（长春师范大学）	张　雪（吉林农业大学）
孟庆繁（北华大学）	陈　琪（东北师范大学）
陈玉宝（吉林市林业科学研究院）	郝锡联（吉林师范大学）
袁海滨（吉林农业大学）	席景会（吉林大学）
鲁　莹（沈阳农业大学）	魏春艳（长春海关）

数字课程（基础版）

长白山常见昆虫
生态图鉴

扫描二维码，下载Abook应用

http://abook.hep.com.cn/54327

长白山常见昆虫生态图鉴

　　数字课程包括虚拟仿真实验项目：访花昆虫对蜜源植物的选择野外实习、长白山昆虫标本图库等拓展资料学习入口，丰富了知识的呈现形式，拓展了教材内容。

| 用户名： | 密码： | 验证码： | 5293 | 忘记密码？ | 登录 | 注册 | ☐ 记住我(30天内免登录) |

登录方法：

1. 电脑访问http://abook.hep.com.cn/54327，或手机扫描上方二维码、下载并安装Abook应用。
2. 注册并登录，进入"我的课程"。
3. 输入封底数字课程账号（20位密码，刮开涂层可见），或通过Abook应用扫描封底数字课程账号二维码，完成课程绑定。
4. 点击"进入学习"，开始本数字课程的学习。

课程绑定后一年为数字课程使用有效期。如有使用问题，请点击页面右下角的"自动答疑"按钮。

前 言

长白山是欧亚大陆北半部最具有代表性的典型自然综合体，是东北三省大部分地区的生态屏障，是东北各族人民世代繁衍生息的摇篮，是我国与五岳齐名的关东第一山。长白山地势较高，海拔多在 1 000m 以上，并为大面积的玄武岩所覆盖，部分地方保存熔岩高原的景象。在我国境内其最高峰为白云峰，海拔 2 691m，为东北地区最高峰。长白山为松花江、鸭绿江、图们江三江之源。天池北侧有高达 68m 的"长白瀑布"。长白山从山底到山顶，随着海拔的升高，从下到上依次区分为 5 个明显的分布带，即海拔 500m 以下的阔叶林带、海拔 500~1 100m 的红松阔叶林带、海拔 1 100~1 700m 的针叶林带、海拔 1 700~2 000m 的岳桦林带和海拔 2 000m 以上亚洲东部唯一的高山苔原带。长白山保存着较为完整的近原始的森林生态系统，保存有欧亚大陆罕见的从低山到高山的明显的植被垂直带，形成了独特的植物区系，备受世界各国学者的关注。

为了保护长白山的自然环境和资源，原吉林省人民委员会于 1960 年 4 月 18 日建立了吉林省长白山自然保护区；1980 年，加入联合国教科文组织人与生物圈计划（MAB），被列为世界 200 多个自然保留地之一；1986 年，晋升为国家级自然保护区。全区环绕长白山天池北、西、南三面，海拔在 720~2 691m 之间，为核心地区。地理坐标东经 127° 42′ 55″ ~ 128° 16′ 48″，北纬 41° 41′ 49″ ~ 42° 25′ 18″，东西是宽 42km，南北长 80km。长白山已知名的昆虫有 3 000 余种，野生动物 1 200 多种，野生植物 2 500 余种，是我国东部山区具有世界意义的典型自然综合体。正如联合国教科文组织生态司顾问普尔教授说的那样："像长白山这样保存完好的森林生态系统，在世界上是少有的。她不仅是中国人民的宝贵财富，也是世界人民的宝贵财富。"

长白山植被类型丰富，生境条件多样，物种多样性水平高，具有鲜明的东北地方特色，是高校较为理想的生物学野外综合实习"基地"。

东北师范大学早在 20 世纪 50 年代就开始在长白山进行野外实习教学和科学研究。自 2002 年起，开始了 3 个板块（动物学、植物学和生态学）组成的综合实习，考虑到实习时间、长白山区的特点及指导教师的专业等综合因素，动物学实习部分主要进行昆虫及其相关内容、知识的实习。昆虫作为无脊椎动物，其种类多、数量大，与人类的生产生活密切相关。新形势下为了培养新世纪的优秀人才，在加强素质教育，全面提高教学质量的同时，还需要野外实习的各个教学环节的有机结合。在此背景下，我们编写了《长白山常见昆虫生态图鉴》，以期能够为实习学生或野外工作者提供快捷、直观、准确、及时的帮助。

本书由东北师范大学任炳忠教授负责召集从事野外实习的教师及部分研究生编写，最后由任炳忠教授、鲁莹博士负责统稿、定稿。封面、封底图片由朴龙国先生提供。本书紧密联系实际，内容丰富实用，操作性强，是有关专业院校生物学、生态学和植物保护学等专业师生很好的实习教材。

本书由任炳忠教授、鲁莹博士、朱慧博士及王寅亮博士任主编，东北师范大学、沈阳农业大学、吉林大学、吉林农业大学、北华大学、吉林师范大学、信阳师范学院、长春师范大学、沈阳师范大学、沈阳药科大学、吉林省养蜂科学研究所、长春海关、吉林市林业科学研究院、长春市园林植物保护站等单位的 24 位学者（包括教授、研究员及研究生等）联合编研撰写，具体分工如下（以姓氏笔画为序）：

王军（鞘翅目），王志明（蜻蜓目），王利明（直翅目），王寅亮（直翅目、鞘翅目），田径（双翅目），曲业宽（半翅目），朱慧（第二章、鳞翅目），任炳忠（蝗亚目），刘斐（双翅目），许晓明（蛾类、鞘翅目），李彦（双翅目），李娜（螽亚目），李志勇（膜翅目），李君健（直翅目），张健（鞘翅目），张雪（直翅目、鞘翅目），孟庆繁（蛾类、鞘翅目），陈琪（第一章、长翅目），陈玉宝（蛾类、鞘翅目），郝锡联（革翅目、螳螂目），袁海滨（脉翅目、长翅目），席景会（鞘翅目），鲁莹（鞘翅目、双翅目），魏春艳（鞘翅目）

本书的编写得到东北师范大学生命科学学院领导的大力支持，得到了国家基础科学人才培养基金（J1210070）、东北师范大学本科教学质量与教学改革工程建设项目（131004003）、东北师范大学吉林省动物资源保护与利用重点实验室、东北师范大学植被生态科学教育部重点实验室和"111"引智基地项目、东北师范大学吉林省鸟类生态与保护遗传工程实验室的资助，并得到东北师范大学动物学专业昆虫学研究组部分研究生的支持。作者对多年来给予指导与关怀的各位领导、同行等表示崇高的敬意和深深的谢意！

由于知识水平有限，若书中存在错误及不当之处，敬请广大专家、读者批评指正！

任炳忠

2019 年 10 月于长春

目 录

第一章

长白山自然概况

一、地理位置与气候

长白山是我国历史文化名山，是与五岳齐名的关东第一山。山势雄伟、峻峭，原始森林茂密，林相整齐，结构复杂，生物资源丰富。广义的长白山是指中国辽宁、吉林、黑龙江三省东部山地以及俄罗斯远东和朝鲜半岛诸多余脉的总称，介于东经121°08′~134°，北纬38°46′~47°30′，北起完达山脉北麓，南延千山山脉老铁山，长约1 300km，东西宽约400km。狭义的长白山是指位于白山市东南部地区，东经127°40′~128°16′，北纬41°35′~42°25′之间的地带，是我国和朝鲜的界山。长白山脉区域总面积达1 964km²，核心区758km²，其主脉位于和龙、安图、长白、抚松、靖宇等县（市）一带，地势较高，海拔多在1 000m以上。长白山主峰高峻，最高峰是朝鲜境内的将军峰，海拔2 749m，我国境内最高峰为白云峰，海拔2 691m。

长白山区为受季风影响的温带大陆性山地气候，其主要特点是：春季风大干燥，夏季短暂温凉，秋季多雾凉爽，冬季漫长凛冽。年均气温在-7℃~3℃之间，最低气温曾出现过-44℃，年日照时数不足2 300h，无霜期100天左右，山顶只有60天左右。积雪深度一般在50cm，个别地方可达70cm。年降水量在700~1 400mm之间，6~9月份降水占全年降水量的60%~70%。且主峰区内云雾多、风力大、气压低。长白山呈东北—西南走向，致使该区域存在迎风坡与背风坡的坡向差异，使得天池南坡与西坡降水更为丰沛，积温也相对较高，而北坡则降水量较少，且积温偏低。长白山区存在由地形变化引起的5个气候带：山地针阔混交林气候带（位于海拔1 100m以下，主要特点：冬季漫长且寒冷，夏季较短但相对温暖）、山地针叶林气候带（位于海拔1 100~1 800m之间，主要特点：阴湿寒冷）、山地岳桦林气候带（位于海拔1 800~2 100m之间，主要特点：风强又多，较为寒冷）、高山灌丛气候带（位于海拔2 100~2 600m之间，主要特点：风多且寒，但日照充足，紫外线强）、高山荒漠气候带（位于海拔2 600m以上，是长白山最冷的气候带，主要特点：寒冷多雾，降水多，风速大）。

二、地形与地貌

长白山脉主要由3列东北—西南方向平行的褶皱断层山脉、盆地和谷地组成。东列为完达山、老爷岭和长白山主脉。西列为大黑山（吉林省境内）和大青山（黑龙江省境内）。中列北起张广才岭，至吉林省境内分为两支：西支老爷岭、吉林哈达岭，东支威虎岭、龙岗山脉，向南伸延至千山山脉。长白山脉位于欧亚板块中朝地带的东北边缘，主体为太子河—浑江坳陷，其北部为铁岭—靖宇隆起，南部为营口—宽甸隆起。地台基底为寒武—奥陶纪变质岩（大理岩、变质砂岩等）。

长白山是我国典型的火山地貌，属休眠火山，是巨型复式火山。长白山脉的前部由于欧亚板块仰冲，发生了深大断裂，即鸭绿江大断裂，断裂的北端是岩浆上涌的通道。在大约2 500万年的时间里，长白山地区经历了4次火山喷发活动，玄武岩浆从上地幔出发，沿着地壳中的巨大裂隙不断上涌，以巨大的能量喷出地表，携有强大冲击力的岩浆，将原来的岩石及岩浆中先期凝固的岩块及火山灰、水蒸气等喷向空中，然后在重力和风力的作用下降落到火山口周围或一侧，堆积成各种火山地貌。长白山地貌类型主要有火山熔岩地貌（火山中山，小火山，熔岩台地等）、流水地貌（侵蚀剥蚀中、低山，侵蚀剥蚀台地，冲击洪积台地、河流阶地和漫滩）、冰缘地貌（倒石堆及箱形河谷）、重力地貌（滑坡、倒石堆、岩屑锥、泥石流等）以及古喀斯特地貌（喀斯特洞穴）等。

长白山山体由熔岩高原、熔岩台地和火山锥体三部分构成。熔岩高原是指地壳内部大量熔岩流出地表堆积而成的高原，面积很大，表面平坦，一般多为玄武岩构成；熔岩台地是指流水在玄武岩中切割出大量的沟谷和河谷，原来平坦的地面也就转化为微起伏的玄武岩台地；火山锥体座落于熔岩台地上，是中心式火山喷发的产物，其主要组成岩石为碱性粗面岩及黑曜岩等。由此，长白山在古老的结晶片岩石基底上，覆盖着深厚的玄武岩层，形成了一个宽广而平缓的台地和高山景观。

长白山为松花江、鸭绿江、图们江三江之源。以长白山主峰为中心，松花江、图们江、鸭绿江三大水系分别呈放射状流向东、北、西三个方向。其中松花江发源于长白山天池，天池北侧有高达68m的"长白瀑布"。由于受地形影响，长白山区河流较多，河网稠密，仅长达30km以上的河流就有100条以上，水利资源丰富。河流的上游地带山高林密，坡度较陡，瀑布多，河流清澈湍急。

三、景观与资源

长白山天池是长白山区的代表景观，位于长白山火山锥体顶端的中央处，呈椭圆形。著名的长白16峰（白云峰、芝盘峰、三奇峰、华盖峰、天豁峰、龙门峰、紫霞峰、铁壁峰、观日峰、玉柱峰、冠冕峰、梯云峰、卧虎峰、孤隼峰、锦屏峰、白头峰）环绕其周围。湖面总面积达9.82km^2，周长13.1km，平均深度为204m，最深处373m，是我国最深的高山湖泊，总蓄水量约达20亿m^3。湖水主要源于地下水和天然降水。除天池外，长白山区的小天池（位于二道白河西岸）、王池（长白山西坡）以及圆池（又称天女浴躬池，位于图们江上游左岸）等也为旅游观赏圣地。

长白山是欧亚大陆北半部最具有代表性的典型自然综合体。由于受第三、第四纪冰川运动和日本海暖湿气流的影响，环境复杂、气候适宜、雨量充沛、生物种源丰富。长白山由于具有复杂而特殊的地理环境及独特的气候条件，使得该地区拥有许多珍稀独有的动植物资源，也是整个欧亚东大陆北半球最大的种子基因库。长白山从山底到山顶，随着海拔的升高，从下到上依次区分为5个明显的分布带，即阔叶林带、红松阔叶林带、针叶林带、岳桦林带和高山苔原带，形成独特的植物区系。每个植被带内发育着不同的地带性土壤类型：针阔混交林暗棕壤、长白山山地暗棕壤、长白山及老爷岭土壤等；此外，还发育着白浆土、草甸土、沼泽土、火山灰土等非地带性土壤类型。长白山保存着较为完整的近原始的森林生态系统，保存有欧亚大陆罕见的从低山到高山的明显的植被垂直带，各植被带内光照、温度、湿度、风速、微地形等生境条件各异，优势植物种类以及栖息于其中的动物种类也发生明显变化。其中，高山苔原带是亚洲东部唯一的高山苔原植被类型。

据统计，长白山区生长着1 800多种高等植物，栖息着50多种兽类、280多种鸟类、50多种鱼类以及3 000多种昆虫（其中，国家I、II级保护的濒危种类各1种）。长白山的密林深处盛产人参、北五味子等药材。野生动物有濒临灭绝的东北虎及马鹿、紫貂、水獭、黑熊等。鸟类中鸳鸯、黑鹳、绿头鸭等候鸟占70%。还发现了仅生活于极地的两栖类动物极北小鲵。

从资源学的角度来分析，植物种类包含了野生纤维植物187种；芳香植物174种；蜜源植物340种；药用植物1 004种；野生杀虫植物176种；饮料植物54种；地被植物175种。此外，长白山区资源昆虫种类也十分丰富，如有传粉昆虫300余种。

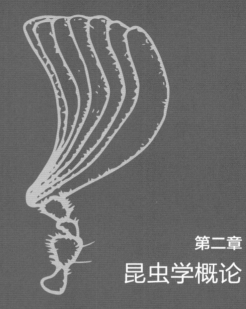

第二章

昆虫学概论

一、昆虫的多样性及其对人类的影响

（一）昆虫的多样性

目前，全世界已知昆虫种类占动物界已知动物种类的60%以上，并且主要以鞘翅目、双翅目、膜翅目、鳞翅目和半翅目为种类丰富的类群。其中，已知的鞘翅目种类超过36万种，膜翅目约有14.5万种，双翅目约有15万种，鳞翅目约有16万种，半翅目约有9.5万种。令人惊奇的是，目前已经认知的昆虫种类比自然界实际上拥有的昆虫种类要少得多。昆虫种类繁多主要有以下几个原因。

（1）有翅能飞。昆虫是动物界中最早获得飞行能力的类群，也是无脊椎动物中唯一具有翅的类群。昆虫的飞行能力使其在觅食、求偶和迁移等方面更加有利。

（2）口器与食性多样化。不同类群的昆虫常具有不同类型的口器，甚至处于不同发育阶段的同种昆虫，其口器类型可能也存在差异。口器的多样性可使昆虫取食不同的食物，从而避免种群间或种群内部的食物竞争。

（3）具有发育多态性。绝大多数昆虫属于完全变态发育。完全变态昆虫在发育过程中通过经历不同的发育阶段，可以避免种群内部在空间和食物方面的竞争，也可以躲避不良环境的影响，从而保持种群的延续。

（4）繁殖能力强。大部分昆虫都具有惊人的繁殖能力。其中，有些种类还可以依靠其独特的生殖方式在环境不利的条件下使自身的种群繁衍下去。同时，许多昆虫世代周期短，一年内多代繁殖也能够使该类群繁衍生存。

（5）适应性强。昆虫对环境具有较强的适应性，比如可通过滞育与休眠来抵御不良环境。同时，昆虫还具有拟态、警戒等各种防御策略，以躲避天敌的捕食。

（二）昆虫对人类的影响

昆虫是地球上最繁盛的类群，对人类社会的生存和发展有重大影响。根据昆虫对人类的生存活动与经济利益的影响，可将昆虫分为有益和有害两方面。

1. 有益方面

（1）为植物传粉。在长期进化过程中，开花植物与访花昆虫形成了密切的互惠关系。在开花植物中，80%属于虫媒传粉。若没有昆虫传粉，许多植物就会因不能繁衍而灭绝。相反，利用昆虫进行传粉，可显著提高作物产量。

（2）提供工业原料。很多昆虫产品是重要的工业原料，如蜜蜂为人类提供蜂蜡、蜂蜜；家蚕为人类提供蚕丝；白蜡虫为人类提供白蜡。我国丝绸和蜂蜜在国际上占有重要地位，真丝产量占世界总产量的80%，蜂蜜产量占世界总产量的20%以上。

（3）控制害虫和有害植物。在昆虫中，有24.7%是捕食性，12.4%是寄生性，统称为天敌昆虫。在昆虫食物网中，这些天敌昆虫在害虫自然控制中起着重要作用。据估计，至今全世界已有600多种天敌昆虫用于防治害虫。昆虫在杂草生物防治中也有关键作用，杂草生物防治的历史至今已有200多年，在成功的案例中天敌昆虫占95%以上。

（4）维持生态环境稳定。昆虫的食性较为复杂，使得其在生态系统的物质循环和能量流动中起着极其重要的作用。有研究表明，在森林生态系统中，植物枯枝落叶主要依赖于昆虫的分解利用。此外，昆虫还是其他动物类群的主要食物来源，如鸟类、蝙蝠都以捕食昆虫为食。

（5）可用于食用、饲用及药用。昆虫蛋白质含量高，胆固醇低，对人体有较高的营养价值。目前，在非洲的部分地区，能够食用的昆虫已达到1 000种左右。较高的营养价值不仅可以使昆虫用于食用，其也作为重要的饲料用于饲养业，如黄粉虫、黑水虻等是观赏鸟类和鱼类重要的饲料。同时，很多昆虫及其产品还可以入药。据报道，昆虫作为药用已有近4 000年的历史，在我国，入药昆虫有近300种，如冬虫夏草、蚂蚁等都是具有较高知名度的药用昆虫。

2. 有害方面

（1）危害农林生产。农作物常常受到害虫为害，给人类带来了较大的经济损失。据统计，全世界每年约有20%的粮食在产前和产后被害虫为害。其中，稻、麦、棉、玉米等作物每年因虫害造成的直接经济损失达2 000亿美元。作为重要自然资源的森林也常常遭受害虫的侵害。如松毛虫和小蠹虫为害松树，入侵种美国白蛾由于其食性多样化，可对多种林木造成危害。

（2）危害人类和动物健康。有些昆虫会叮咬和攻击人类，如蚊子、胡蜂等。有些还会传播病毒、细菌等病原体。据统计，人类的传染病中有2/3是以昆虫为媒介的。如疟疾、黄热病等。此外，昆虫对动物的危害也较为严重。有些种类会直接吸食寄主的血液。如，1头牛虻每天可吸食动物200mL血液。还有些种类会在动物之间传播病毒，给畜产品带来严重影响。

二、昆虫的外部形态特征

（一）昆虫纲的基本特征

自然界中昆虫的种类繁多，形态各异，是其在长期进化过程中对复杂的外部环境适应的结果。昆虫纲隶属于节肢动物门Arthropoda，具有节肢动物的特征，又具有区别于其他节肢动物的特点。昆虫纲成虫的基本特征如下：

（1）体躯分为头部、胸部和腹部3部分（图2-1）；

（2）头部具有1对触角、3对口器附肢，通常还具有单眼和复眼，是感觉和取食中心；

（3）胸部具有2对翅，3对足，是运动中心；

（4）腹部包括生殖系统和大部分内脏器官，是生殖和代谢中心。

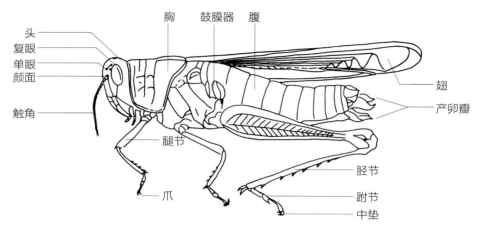

图2-1 昆虫体躯的基本构造

（二）昆虫的头部

头部是昆虫体躯的第一部分，由几个体节愈合而成，外壁坚硬，形成脑壳，上面着生感觉与取食器官，内部具有脑和部分消化器官。

1. 口器

口器是昆虫的取食器官。由于昆虫的食性十分复杂，形成了多种多样的口器类型。咀嚼式口器是最原始的口器类型，其他口器类型都是在咀嚼式口器基础上演变的。

（1）咀嚼式口器（chewing mouthparts），由上唇、上颚、下颚、下唇和舌等5个部分组成（图2-2A），其特点是具有发达且坚硬的上颚咀嚼固体食物，代表昆虫类群为蝗虫。

（2）虹吸式口器（siphoning mouthparts），上颚退化或消失，由下颚的1对外颚叶特化成一条卷曲能伸展的喙，内有食物道（图2-2B），适于吮吸花管底部的花蜜，为绝大多数鳞翅目成虫特有。

（3）嚼吸式口器（chewing-lapping mouthparts），下颚和下唇特化成吮吸液体食物的喙（图2-2C），为膜翅目蜜蜂总科Apoidea成虫特有。

（4）刺吸式口器（piercing-sucking mouthparts），上颚与下颚的一部分特化成细长的口针，下唇延长成喙，起到保护口针的作用，上唇退化成很小的三角形，盖在喙的基部，无功能（图2-2D）。用于刺破动植物组织，吸食汁液，代表类群为蝽类。

（5）舐吸式口器（sponging mouthparts），由下唇特化成的喙构成（图2-2E），为双翅目环裂亚目Cyclorrhapha昆虫的成虫特有，如家蝇。

除了以上5种口器类型之外，还有刮吸式口器（scratching mouthparts）、捕吸式口器（grasping sucking mouthparts）、锉吸式口器（rasping mouthparts）等。

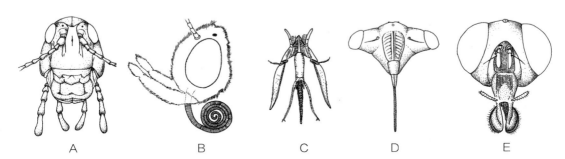

图2-2 昆虫口器的基本类型
A. 咀嚼式；B. 虹吸式；C. 嚼吸式；D. 刺吸式；E. 舐吸式

2. 触角

昆虫纲除高等双翅目、膜翅目幼虫的触角退化外，其他种类的昆虫都具有触角。一般情况下，昆虫触角着生于额区两侧的膜质触角窝（antennal socket）内，由3节组成，基部的1节称柄节（scape），常粗大，或长或短；第2节称梗节（pedicel），常短小并有江氏器（Johnston's organ）；第3节称鞭节（flagellum），常分为若干个鞭小节（flagellar segment）。鞭小节的数目和形状在各类昆虫中变化很大，在同种昆虫的不同性别中也常有差异。昆虫触角上有着非常丰富的感器，在觅食、聚集和求偶等方面起着重要作用。大体上，昆虫触角类型可归纳为12种常见类型（图2-3）。

（1）丝状（filiform），也称线状，细长，除基部1～2节稍粗外，其余各节的大小和形状相似，为昆虫触角最常见的类型，如螽斯和蟋蟀的触角。

（2）刚毛状（setaceous），触角短，基节与梗节稍粗大，鞭小节细小并向端部渐细，如蝉类和蜻蜓的触角。

（3）念珠状（moniliform），各鞭小节接近球形，像一串念珠，如白蚁的触角。

（4）锯齿状（serrate），各鞭小节的端部向侧面突起如锯齿，如芫菁的触角。

（5）膝状（geniculate），柄节较长，梗节短小，在柄节和梗节之间成膝状弯曲，如蜜蜂的触角。

（6）具芒状（aristate），触角短，鞭节不分亚节，明显较柄节和梗节粗大，其上有1根毛鬃称触角芒，如蝇类昆虫的触角。

（7）棍棒状（clavate），又称球杆状，触角细长，端部数节逐渐膨大如棒，如蝶类昆虫的触角。

（8）锤状（capitate），类似棍棒状，但端部几个鞭小节突然变大，末端平截似锤，如郭公虫的触角。

（9）鳃状（lamellate），触角端部几个鞭小节扩展成片状，形状如鱼鳃，如鳃金龟的触角。

（10）环毛状（whorled），各鞭小节上都环生有1～2圈细毛，越接近基部的毛越长，渐向端部递减，如雄性蚊类和摇蚊的触角。

（11）栉齿状（pectinate），各鞭小节向一侧突起很长，形如梳子，如雄性豆象的触角。

（12）双栉齿状（bipectiniform），各鞭小节向两侧突起很长，像鸟类的羽毛，如一些雄性蛾类昆虫的触角。

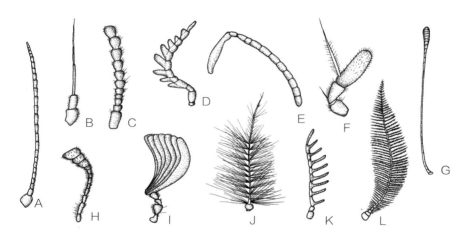

图2-3 昆虫触角类型
A. 丝状；B. 刚毛状；C. 念珠状；D. 锯齿状；E. 膝状；F. 具芒状；G. 棍棒状；H. 锤状；I. 鳃状；J. 环毛状；K. 栉齿状；L. 双栉齿状

3. 复眼和单眼

复眼和单眼是昆虫的主要视觉器官。复眼位于头部的前侧方或上侧方，呈卵圆形、圆形或肾形，由一个至多个小眼集合而成，用来辨别物体。昆虫的成虫和不完全变态类的若虫其头部有1对复眼，但网蚊科等昆虫每侧的复眼一分为二；一些雄性双翅目和膜翅目昆虫的复眼背面相接，合二为一；雌性蚧壳虫和一些穴居昆虫的复眼退化或消失。单眼只能感觉光的强弱，不能成像，也不能分辨颜色，分为背单眼和侧单眼。背单眼位于成虫和不完全变态昆虫的若虫和稚虫的头部额区或头顶，大多数昆虫有2～3个背单眼；侧单眼位于全变态昆虫幼虫的头部两侧的颊区，通常1～7对。

（三）昆虫的胸部

昆虫胸部是体躯的第2段，是昆虫的运动中心。由前胸、中胸和后胸3部分组成，每一胸节各有一对胸足，依次称前足、中足和后足。多数昆虫的成虫在中胸和后胸上各有1对翅，分别为前翅和后翅。每一胸节都由背板、侧板和腹板组成。

1. 胸足的基本构造

昆虫胸足是胸部的运动附肢。前足、中足和后足分别着生在各胸节的侧腹面的基节窝内。成虫的胸足分为6节，从基部到端部依次称为基节、转节、腿节、胫节、跗节和前跗节（图2-4）。

（1）基节（coxa），是最基部的1节，常短粗。

（2）转节（trochanter），一般较小。蜻蜓目昆虫的转节中部狭隘，似为2节。

（3）腿节（femur），又称股节，通常是最发达的一节，常与胫节活动所需要的肌肉有关。

（4）胫节（tibia），一般细长，两侧常有成排的刺或齿，末端有距，常被作为分类的依据。

（5）跗节（tarsus），通常分为2~5个亚节，称为跗分节，跗节的各亚节间也有膜相连，有些昆虫的跗节腹面有辅助行动用的垫状结构，称为跗垫。

（6）前跗节（pretarsus），是胸足的最末端结构。包括着生于最末端一个跗节端部两侧的爪和两爪中间的中垫。前跗节的结构变化较大，常用于分类。

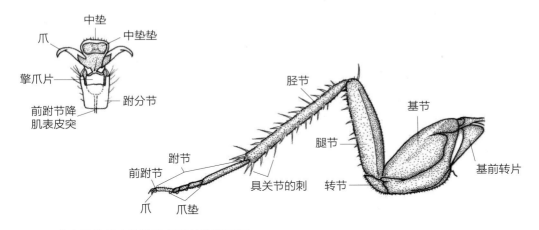

图2-4 昆虫胸足的基本构造及前跗节的腹面观

2. 胸足的类型

昆虫胸足的原始功能是运动。由于环境等因素变化，昆虫为了适应不同生境，以及取食、求偶和交配等需要，足的形态和功能发生了相应的变化。常见的胸足有以下8种类型（图2-5）。

（1）步行足（ambulatorial legs），是足中最常见的一种。一般较为细长，各节无显著退化，但在功能上表现出差异。如步甲、瓢虫和蜉类的足。

（2）跳跃足（saltatorial legs），腿节发达膨大，胫节细长，末端有距。如蝗虫、蟋蟀的后足。

（3）捕捉足（raptorial legs），基节常延长，腿节粗大，腿节与胫节的相对面上有刺或齿，形成一个捕捉结构。如螳螂、螳蛉等昆虫的前足。

（4）开掘足（digging legs），胫节常宽扁，外缘具齿，适于掘土。如蝼蛄和金龟子的前足。

（5）游泳足（natatorial legs），足扁平而细长，似桨状，生有较长的缘毛，适于划水。如龙虱等水生昆虫的后足。

（6）抱握足（clasping legs），跗节特别膨大，其上有吸盘状的构造，交配时用挟持雌虫。如雄性龙虱的前足。

（7）攀握足（scansorial legs），足的各节较短粗，胫节端部有1个指状突，跗节1节，前跗节特化为弯爪状，如虱目昆虫的足。

（8）携粉足（corbiculate legs），胫节扁宽，外面光滑，两侧有长毛，用以携带花粉，称"花粉篮"；基跗节长，内面有10～12排横列的硬毛，用以梳刷附着在体毛上的花粉，称"花粉刷"。如蜜蜂的后足。

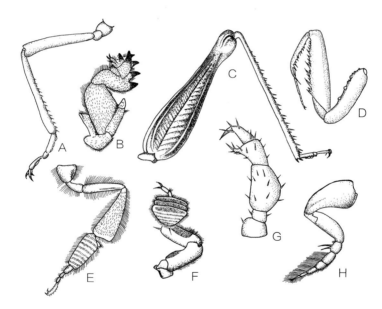

图2-5 昆虫足的基本类型
A. 步行足；B. 开掘足；C. 跳跃足；D. 捕捉足；E. 携粉足；F. 抱握足；G. 攀握足；H. 游泳足

3. 翅的基本构造

昆虫是无脊椎动物中唯一具有翅的类群，也是动物界最早获得飞行能力的类群。翅的出现使昆虫在觅食、寻偶和扩散等方面获得优越的竞争能力，为昆虫纲的繁荣创造了重要条件。昆虫的翅是由背板向两侧扩展而成的，呈双层结构，是研究昆虫分类和演化的重要依据。

翅一般为近三角形，有3条缘和3个角（图2-6）。翅展开时，靠近头部的边缘称前缘（costal margin）；靠近腹部的边缘称后缘或内缘（inner margin）；在前缘与后缘之间的边缘称外缘（outer margin）。前缘与后缘之间的夹角称肩角（humeral angle），前缘与外缘之间的夹角称顶角（apical angle）；外缘与后缘之间的夹角称臀角（anal angle）。为了适应翅的折叠与飞行，翅上有3条褶线将翅面划分为4个区。基褶位于翅基部，将翅基部划出一个小三角形区称腋区；臀褶位于翅的中后部，将翅分为臀褶前方的臀前区和臀褶后方的臀区，在翅基部后面有一条轭褶，其后面的小区为轭区。

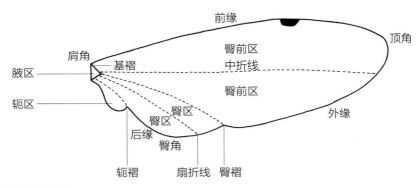

图2-6 昆虫翅的基本结构

4. 翅的基本类型

昆虫的翅一般为膜质，但一部分昆虫在演化过程中，翅的质地和功能发生了适应性变化，形成不同的类型，常见翅的类型有8种。

（1）膜翅（membranous wing），翅质地为膜质，薄而透明，翅脉清晰可见，为最常见的翅类型，是飞行翅，如蜂类前翅和后翅。

（2）毛翅（piliferous wing），翅质地为膜质，翅面和翅脉上被有疏毛，是飞行翅，如石蛾的前翅和后翅。

（3）鳞翅（lepidotic wing），翅质地为膜质，翅面上密被鳞片，是飞行翅，如蛾、蝶类昆虫的翅。

（4）缨翅（fringed wing），翅狭长，质地为膜质，翅脉退化，翅缘有长缨毛，如蓟马的翅。

（5）覆翅（tegmen），翅质地坚韧似革质，翅脉明显可见，不用于飞行，主要起保护后翅的作用，如直翅目昆虫的前翅。

（6）半鞘翅（hemielytron），翅的基半部革质，端部膜质，如蝽类昆虫的前翅。

（7）鞘翅（elytron），翅质地坚硬，高度骨化，翅脉一般不可见，不用于飞行，起保护后翅和体背的作用，如甲虫的前翅。

（8）棒翅（halter），呈棍棒状，无飞行能力，在飞行时起平衡体躯作用，如蝇类昆虫的后翅。

5. 翅脉、翅室和翅痣

在昆虫翅面上有翅脉和翅室。翅脉（vein）是翅的两层薄膜之间纵横分布的条纹，由气管部位加厚所形成，对翅表起着支架作用。翅脉分为纵脉和横脉。纵脉（longitudinal vein）是从翅基部通向翅边缘的脉，是在两个深入翅原基、起始于足气管的气管干的分支基础上产生的；横脉（cross vein）是横列在纵脉间的短脉，是由一条不规则的间脉分出，而不是由气管预先形成。

脉序（venation）又名脉相，是指翅脉在翅面上的排布形式（图2-7）。不同类群昆虫的脉序存在明显差异，而同类昆虫的脉序相对稳定。因此，脉序是研究昆虫分类和系统发育的重要特征。通常，假想原始脉序由7条主纵脉和6条横脉组成（表2-1和表2-2）。

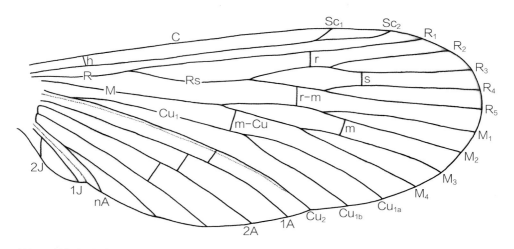

图2-7 较通用的假想脉序

表2-1 昆虫翅的纵脉名称、简写符号、分支及特点

纵脉名称	简写符号	分支	特点
前缘脉	C	1	不分支，一般形成翅的前缘
亚前缘脉	Sc	2	位于前缘脉之后，很少分支
径脉	R	5	位于亚前缘脉之后，是最强的翅脉，主干是凸脉，分2支，前一分支称第1径脉（R_1），伸达翅缘；后一支称径分脉（Rs）。径分脉再经两次分支，形成4支，分别称第2径脉、第3径脉、第4径脉、第5径脉（R_2、R_3、R_4、R_5）。
中脉	M	4	位于翅的中部，主干为凹脉，经2次分支，形成4条中脉，分别为第1中脉、第2中脉、第3中脉、第4中脉（M_1、M_2、M_3、M_4）

纵脉名称	简写符号	分支	特点
肘脉	Cu	2	位于中脉之后，主干为凹脉，分2支，称第1肘脉（Cu_1）或前肘脉（CuA）和第2肘脉（Cu_2）或后肘脉（CuP），第1肘脉分为2支，分别称Cu_{1a}和Cu_{1b}
臀脉	A	不定	位于臀区，常3条，分别称第1臀脉（1A）、第2臀脉（2A）、第3臀脉（3A）
轭脉	J	2	分布在轭区，一般轭脉2条，分别称第1轭脉（1J）、第2轭脉（2J）

表2-2 昆虫翅的横脉名称、简写符号及连接的纵脉

横脉名称	简写符号	连接的纵脉
肩横脉	h	C和Sc
径横脉	r	R_1和R_{2+3}或R_1和Rs
分横脉	s	R_3和R_4或R_{2+3}和R_{4+5}
径中横脉	r-m	R_{4+5}和M_{1+2}
中横脉	m	M_2和M_3
中肘横脉	m-Cu	M_{3+4}和Cu_1

翅室（cells）是翅面被翅脉划分成的小区。翅室周围都被翅脉包围或仅基方与翅基相通时称闭室。翅室有一边没有翅脉封闭而向翅缘开放的称开室。一般情况下，翅室的名称是用组成它的前缘的纵脉进行命名，并且就按这条纵脉的简写表示。例如，R_2脉与R_3脉之间的翅室称R_2室。若该翅室又被R_2脉与R_3脉之间的1条横脉分割为2个小翅室，则按从基部到端部的顺序，分别称这两个小翅室为第1R_2室和第2R_2室。在一些昆虫特例中，某些翅室有特别的名称，如蜻蜓目昆虫的三角室、鳞翅目昆虫的中室。

翅痣（pterostigma）是某些昆虫在翅的前缘近顶角处有一个深色加厚的部分。如蜻蜓目昆虫的前翅、后翅，膜翅目昆虫的前翅。

（四）昆虫的腹部

昆虫腹部是体躯的第3段，包括多个器官系统，如消化系统、生殖系统、排泄系统和呼吸系统，是昆虫生殖和进行新陈代谢的中心。对于部分昆虫幼虫来说，腹部着生腹足，也是运动中心。

昆虫腹部多数为长圆筒形或近纺锤形，一般9～11节，各节之间的节间膜、背板和腹板之间的侧膜都较发达。因此，腹部的伸缩和弯曲比较容易，以适应内脏器官的活动和生殖需要。根据外生殖器的着生位置，腹部分为生殖前节、生殖节和生殖后节。生殖前节是指昆虫腹部在

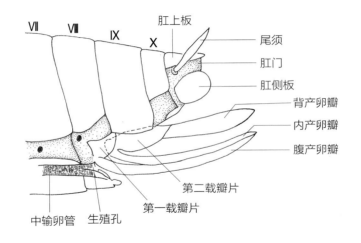

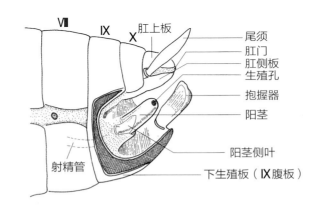

图2-8 昆虫腹部末端侧面图
A. 雌性外生殖器；B. 雄性外生殖器

生殖节前的体节，内含有大部分的内脏器官，也称脏节。有翅类昆虫成虫生殖前节的附肢完全退化，每节两侧常有1对气门。生殖节是外生殖器所在的腹节，多数昆虫只有1个生殖孔。雌性昆虫的生殖孔多位于第8腹板与第9腹板间，少数位于第7腹板或第8腹板上；雄性昆虫的生殖孔多位于第9腹板与第10腹板间的阳具端部。生殖后节是指昆虫腹部在生殖节后的体节。最后一节的末端有肛门开口，故称肛节，分为3块。盖在肛门之上的称肛上板；位于肛门两侧的两块称肛侧板。部分昆虫的肛节上生有1对附肢称尾须，有的还有1条由背板形成的中尾丝（图2-8）。

　　昆虫的外生殖器是生殖系统的体外部分，用以交配、受精和产卵的器官，主要由生殖节上的附肢特化而成（图2-8）。其中，雌性的外生殖器称产卵器，雄性的外生殖器称为交配器。产卵器通常由腹瓣、内瓣和背瓣3对产卵瓣组成。腹瓣位于第8腹板上，内瓣位于第9腹节上，背瓣位于第9腹节上，但与腹瓣和内瓣的来源不同，其并非附肢形成的，而是第9腹节肢基片上的外长物。产卵器的形状、构造和功能因类群的不同而异。例如，蝗虫的产卵器呈凿状，螽斯的产卵器呈刀状，叶蜂的产卵器呈锯状。雄性的交配器构造较为复杂，各个类群变化较大且高度特化，是分类的重要依据。一般包括阳具和抱握器两部分。阳具一般认为是第9腹板后节间膜的外长物，生殖孔开在它的末端。抱握器多数属于第9腹节的附肢，其形状变化较大，一般不分节，但是其在蜉蝣目中是分节的。交配器类型多样，根据阳具的数目和形态可分为3类：双管式、叶状和单管式。

尾须通常是1对须状突起，着生在第11腹节转化成的肛上板和肛侧板之间的膜上。尾须的形状及长短各异，分节或不分节，其上有很多感觉毛，是感觉器官。尾须在低等昆虫，如蜉蝣、衣鱼等中普遍存在。

有翅亚纲昆虫在幼虫时期腹部具有腹足。水生昆虫幼虫（如蜉蝣）的腹足在第1~7腹节的背板与腹板间。陆生昆虫幼虫（如鳞翅目、膜翅目等幼虫）也具有腹足。鳞翅目幼虫的腹足常5对，分别着生在第3~6腹节和第10腹节上。鳞翅目幼虫腹足底部有成排的弯钩称趾钩。膜翅目幼虫的腹足常6~8对，分别着生在第2~6腹节，或至第7腹节，或至第8腹节和第10腹节上。膜翅目的广腰亚目幼虫腹足也有趾，但无趾钩。

三、昆虫生物学

昆虫生物学是研究和记述昆虫生命过程的科学，包括昆虫的生殖、产卵、变态类型以及生活史和习性等方面。

（一）昆虫的生殖方式

昆虫在长期的环境适应与进化过程中形成了适于自身的各种生殖方式，其中两性生殖是最常见的一种。

（1）两性生殖（sexual reproduction），是指昆虫经过雌雄两性交配，雄性个体产生的精子与雌性个体产生的卵子结合之后，发育成新的个体。这种生殖方式是绝大多数昆虫所具有的。

（2）孤雌生殖（parthenogenesis），也称单性生殖，是指卵不经过受精也能发育成正常的新个体。一般可以分为3种类型：偶发性孤雌生殖，如家蚕；常发性孤雌生殖，如粉虱、蓟马等；周期性孤雌生殖，如蚜虫。

（3）多胚生殖（polyembryony），是一个卵内可产生两个或多个胚胎，并能发育成新个体的生殖方式。多见于一些寄生蜂类。

（4）卵胎生（ovoviviparity），多数昆虫的生殖方式为卵生，但也有部分昆虫的卵在母体内发育成熟并孵化，产出来的不是卵而是幼体。如麻蝇、寄蝇等类群。

（二）昆虫的生活史

1. 昆虫的变态发育类型

昆虫在个体发育过程中，特别是胚后发育阶段经过一系列的形态变化，称为变态，有以下几种类型。

（1）增节变态（anamorphosis），是昆虫中最原始的一类变态，其特点是由幼期发育到成虫期腹部的体节数随蜕皮次数的增加而增加，这种变态仅见于六足总纲中的原尾纲昆虫。

（2）表变态（epimorphosis），是幼体从卵中孵化出来后已具有成虫的特征，但成虫期仍继续蜕皮，见于六足总纲的弹尾纲、双尾纲和昆虫纲的石蛃目和衣鱼目昆虫。

（3）原变态（prometamorphosis），是有翅亚纲昆虫中最原始的变态类型，是指从幼期变为成虫期之间要经过一个亚成虫期，亚成虫外形与成虫相似，为蜉蝣目昆虫特有。

（4）不完全变态（incomplete metamorphosis），是指只经过卵期、幼期、成虫期3个阶段，为有翅亚纲外翅部Exopterygota除蜉蝣目以外的昆虫所具有，又分为3个亚型：半变态、渐变态和过渐变态。

（5）全变态（complete metamorphosis），是指昆虫一生经过卵、幼虫、蛹和成虫4个不同的虫态，为有翅亚纲内翅部Endopterygota昆虫所具有。

2. 昆虫的卵

卵是昆虫发育的第一个虫态，也是一个不活动的虫态。不同类群昆虫卵的类型和产卵方式各不相同。

（1）卵的类型。昆虫卵的大小在种间差异很大。多数卵很小，但也有卵较大。一种螽斯的卵近10mm，而葡萄根瘤蚜的卵仅0.02mm左右，但大多数昆虫的卵长1.5～2.5mm。昆虫卵的形态一般为卵圆形或肾形，也有呈纺锤形、半球形，还有一些呈不规则形状等。

（2）产卵方式。昆虫的产卵方式有许多不同的类型，有的是单产，有的块产，有的产在寄主或其他物体表面，有的也会产在土中、树皮缝隙中。昆虫产卵方式上表现为高度的选择性，主要是为了保证幼虫能快速找到食物，也可以避免被天敌捕食。

3. 幼虫

幼虫是昆虫的主要取食阶段，部分昆虫在该阶段对寄主造成严重危害。根据足的多少和发育情况，可把幼虫分为4类。

（1）原足型幼虫。一般有寄生性，生活在寄主体内，通过吸收寄主营养生存，如膜翅目营寄生生活的蜂类。

（2）无足型幼虫。又称蠕虫型，显著特点是在胸部和腹部无足，常见于双翅目、膜翅目和鞘翅目等部分昆虫。又可分为3类：全头无足型、半头无足型和无头无足型。

（3）寡足型幼虫。胸足发达，无腹足或仅有1对尾须，如步甲、瓢虫、草蛉等捕食性昆虫及金龟幼虫等。又可分为步甲型、蛴螬型、叩甲型和扁型。

（4）多足型幼虫。除具有胸足外，腹部也有多对腹足。如脉翅目、少数的甲虫和鳞翅目昆虫，以及部分膜翅目叶蜂类昆虫。可进一步分为蛞型和蠋型。

4. 蛹

蛹是全变态昆虫在发育过程中由幼虫变为成虫时，必须经过的一个特有的静止虫态。蛹的生命活动虽然是静止的，但其内部却进行着某些器官消解和某些器官形成的剧烈变化。根据蛹壳、附肢、翅与身体主体的接触情况等，通常将昆虫的蛹分为3类：离蛹、被蛹和围蛹。

5. 成虫

成虫从其前一虫态蜕皮而出的过程称为羽化。成虫是昆虫个体发育的最后一个虫态，是完成生殖使种群得以繁衍的阶段。昆虫发育到成虫，性腺逐渐成熟，并具有生殖能力，所以成虫的一切生命活动都是围绕着生殖展开的。

（三）昆虫的习性和行为

习性是昆虫种或种群具有的生物学特征，行为是昆虫的感觉器官接受刺激后通过神经系统的综合而使器官产生的反应。

1. 活动的昼夜规律

昆虫活动的昼夜规律是指昆虫的活动与自然中昼夜变化规律相符合的变化规律。绝大多数昆虫的活动，如飞翔、取食、交配等具有昼夜规律，这种规律具有种的特异性。白昼活动的昆虫称为日出性昆虫，如蝴蝶、甲虫类等；夜间活动的昆虫称夜出性昆虫，如大多数蛾类；还有一部分只在弱光下（黎明或黄昏时）活动的昆虫称为弱光性昆虫，如蚊子等。

2. 食性与取食行为

食性是指昆虫取食的习性。按照昆虫食物的性质，可分成植食性、肉食性、腐食性、寄生性和杂食性等几个主要类别。按照食物的范围，又可将食性分为多食性、寡食性和单食性3类。昆虫的食性具有相对的稳定性。但是，当食物匮乏时，也具有一定的可塑性，即被迫改变食性。

昆虫的取食行为多种多样，但取食步骤基本相似。植食性昆虫取食一般要经过兴奋、试探与选择、取食等过程；捕食性昆虫取食一般经历兴奋、接近、试探、猛扑、麻醉、进食等过程；寄生性昆虫则主要经过寄主定位、接近、刺探适合性评价、进食、标记等步骤。昆虫对食物的识别或用视觉、或用嗅觉、或用味觉，但多以化学刺激作为最主要的诱导因素。植食性昆虫通常以植物的次生物质作为信息化合物或取食刺激，捕食性昆虫则多以猎物的气味作为捕食因子，寄生性昆虫主要以虫害诱导植物产生的挥发性次生物质或寄主排泄物来寻找寄主。

3. 趋性

趋性是指昆虫对某种刺激表现出趋向或躲避的行为。根据刺激源可将趋性分为趋光性、趋化性、趋湿性和趋热性。根据反应的方向可分为正趋向（面向刺激源运动）和负趋向（远离刺激源运动）。多数蛾类昆虫具有趋光性。趋化性在昆虫寻找食物、交配等行为中起着重要作用。无论哪种趋性，都是相对的，对刺激的强度和浓度具有一定的可塑性。

4. 群集与迁移

群集是指同种昆虫的大量个体高密度地聚集在一起的习性。许多昆虫都具有群集性，根据时间长短可分为临时性群集和永久性群集。前者只是在某一时间段或某一虫态内群集在一起，然后分散；后者则是始终群集在一起。例如，马铃薯瓢虫 *Henosepilachna vigintioctomaculata*（Motschulsky）越冬时临时群集在一起，而蜜蜂等社会性昆虫为典型的永久性群集。

迁移是指昆虫受一定环境条件影响，发生空间位置变化的行为活动，既包括昆虫的正常生命活动（觅食、求偶），又包括昆虫适应环境的行为响应（从恶劣环境中找到适宜生存的栖息生境）。昆虫迁移包括扩散和迁飞两种方式。扩散是指昆虫群体由原地向周边地区转移、分散的过程。这种过程可能是由于昆虫群体因密度效应或觅食、求偶等原因的主动扩散，也可能是由于风力、人为活动而导致的昆虫被动扩散。迁飞是指昆虫通过飞行而大量、持续地远距离迁移。迁飞是一个有相对固定路线的持续性迁移行为，该行为不受种群密度、觅食、求偶等因素的影响，通常受光周期诱导和激素调节，可以帮助昆虫在空间上度过不良环境。昆虫迁飞前需要贮存能量、出现长翅型，迁飞后才进行产卵繁殖。

5. 防御

在漫长的自然进化过程中，为了种群的生存和繁衍，昆虫采取不同的策略抵御微生物、寄生性和捕食性天敌的侵扰，包括物理防御、化学防御和行为防御。

物理防御是指昆虫利用各种物理特性进行防御的行为，可以是昆虫本身所具有的外形、姿态、颜色、斑纹和声音等，也包括昆虫生活的环境，如巢穴、树木枝叶等。

（1）拟态。是一种生物模拟另一种生物或模拟环境中的其他物体从而获得好处的现象，这一现象普遍存在于昆虫类群中，卵、幼虫、蛹和成虫都可具有拟态。拟态对昆虫的取食、避敌、求偶等具有重要的生物学意义。拟态可分为贝氏拟态和缪氏拟态。贝氏拟态是指捕食者的可食种模仿有警戒色的不可食种的拟态；缪氏拟态是指两种或几种不可食的有毒昆虫彼此相互模仿的拟态。

（2）保护色。一些昆虫具有同它生存环境中的背景相似的颜色，这有利于躲避捕食性动物的视线而得到保护自己的效果。有些昆虫还会随着环境颜色的改变而变换身体的颜色。

（3）警戒态。指昆虫利用警戒色、警戒声或警戒气味等信号警告天敌。以警戒色来告诫天敌的昆虫，其色彩通常是鲜艳的红色、黄色、橙色或白色，是昆虫与背景形成鲜明对比，使天敌回避，不敢捕食。以警戒声告诫天敌的昆虫，其发出声音的频率范围广，易于被各种天敌察觉，威胁侵扰者。以警戒气味告诫天敌的昆虫，其发出气味浓烈，难闻，使天敌躲开。

（4）假死。一些昆虫在受到突然的振动或触动时，就会立即收缩其附肢而掉落地面，称"假死现象"，这是昆虫对外界刺激的防御性反应。

化学防御是昆虫利用化学物质进行的防御行为。这些化学物质来源于昆虫的外分泌腺体、体内共生物和食物3方面。化学防御在许多昆虫的防御中发挥着重要作用，主要包括4个方面：①释放警戒信息素，当昆虫在遇到危险时，可以释放警戒信息素，告诫周围的同种其他个体及时逃走，或奋起还击；②释放益己素，指一种昆虫分泌释放的、能引起他种接受生物产生对释放者有益行为反应信息的化学物质；③释放刺激性物质，一些昆虫在遇到敌害时可以喷射出恶臭的物质，使天敌惧怕或中毒，从而避免被捕食；④注射毒性物质，当遇到侵扰时，胡蜂、蜜蜂等昆虫可以利用刺向侵略者注射蜂毒，一些鳞翅目幼虫通过毒毛或毒刺向攻击者注射毒液，从而保护自己。

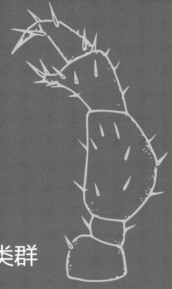

第三章
常见昆虫类群

常见昆虫分目检索表

1 腹部至少3节，有刺突或泡囊，原生无翅[无翅亚纲Apterygota] 2
　腹部无刺突或泡囊，有翅或次生无翅[有翅亚纲Pterygota] 3

2 上颚1个关节，第2、3对胸足的基节有针突 ....石蛃目Archeognatha
　上颚2个关节，胸足的基节无针突 ....衣鱼目Zygentoma

3 口器咀嚼式，有成对的上颚 4
　口器非咀嚼式，无上颚；为虹吸式、刺吸式、舐吸式或锉吸式等 24

4 有尾须，且头部不延伸呈喙状 5
　无尾须，少数有尾须则头延伸呈喙状 16

5 触角刚毛状，两对翅膜质，竖在背上或平展而不能折叠 6
　触角丝状、念珠状或剑状等；后翅膜质，可以折叠或平叠于前翅下方，或无翅 7

6 尾须细长而多节（有时还有中尾丝）；后翅很小或无后翅，无翅痣 ....蜉蝣目Ephemeroptera
　尾须粗短不分节；前、后翅相似或后翅更宽，有翅痣 ....蜻蜓目Odonata

7 后足为跳跃足，或前足为开掘足；前翅为覆翅 ....直翅目Orthoptera
　后足非跳跃足，前足非开掘足；如后足为跳跃足，或前足为开掘足，则前翅不为覆翅 8

8 跗节5节或4节 9
　跗节最多3节 13

9 前胸比中胸长或大 10
　前胸比中胸短小，体细长如枝或宽扁似叶 ....竹节虫目Phasmatodea

10 前足为捕捉足或有捕捉功能 11
　前足非捕捉足 12

11 前足为捕捉足，腿节及胫节有强刺 ....螳螂目Mantodea
　前足与中足有成排的强刺，有捕捉功能 ....螳蛉目Mantophasmatodea

12 头前口式；前胸近方形，不盖住头部 ....蛩蠊目Grylloblattodea
　头下口式；前胸前窄后宽，盖住头部 ....蜚蠊目Blattodea

13 跗节3节 14
　跗节2节；尾须不分节；触角9节 ....缺翅目Zoraptera

14 前足基跗节极膨大；有丝腺能纺丝；前、后翅相似（雄），或无翅（雌） ....纺足目Embioptera
　前足正常；不能纺丝；如有翅则后翅比前翅宽大 15

15 尾须坚硬呈铗状；前翅短小，革质，后翅膜质如折扇或无翅 ....革翅目Dermaptera
　尾须不呈铗状；前翅狭长，后翅臀区扩大，翅均为膜质 ....襀翅目Plecoptera

16 跗节最多3节，具爪，前翅非角质 ....啮虫目Psocoptera
　跗节4节或5节；如3节以下则无爪或前翅角质 17

17 前翅特化成平衡棒，后翅很大；雌虫无翅，无足 ....捻翅目Strepsiptera
　前翅不特化为平衡棒 18

第一节 直翅目 Orthoptera

1. 简介

直翅目是一类较为常见的昆虫，包括蝗虫、螽斯、蟋蟀、蝼蛄、蚤蝼等，属有翅亚纲、渐变态类。前、后翅的纵脉直是该目昆虫的主要特征。全世界已知有23 600余种，中国已记录约2 850种。广泛分布于世界各地，热带地区种类相对较多。

■分类：多数分类学者将直翅目分为螽亚目Ensifera和蝗亚目Caelifera。

■成虫：体小型至巨型。

头部：头圆形、卵圆形或圆锥形；口器为典型咀嚼式口器，多数种类为下口式，少数穴居种类为前口式；上颚发达，强大而坚硬；触角多为丝状，或长或短，长者超过身体末端甚远，短者不到前胸背板后缘，少数种类触角为剑状或锤状；复眼发达，大而突出；单眼一般2~3个，少数种类缺单眼。

胸部：胸部包括前胸、中胸和后胸。前胸发达，可活动；前胸背板发达，常向后延伸呈马鞍形；中、后胸愈合；前翅狭长、革质，停息时覆盖在体背；后翅膜质，臀区宽大，停息时呈折扇状纵褶于前翅下，翅脉多平直；在蝗亚目中，有些种类的翅退化成鳞片状或消失，形似大龄若虫，但是它们的前翅覆盖后翅，且翅上有纵脉与横脉，而大龄若虫的后翅翻转盖住前翅，且翅芽上仅有纵脉，而无横脉，依据这些特征可以进行区别；前足和中足适于爬行，部分种类前足胫节膨大，特化成开掘足（如蝼蛄），适于掘土，多数种类后足形成跳跃足（如蝗虫、蟋蟀、螽斯）；跗节3~4节，少数种类1节。

腹部：腹部一般11节，少数仅见8~9节，第11腹节较退化；雌虫第8腹板或雄虫第9腹板发达，形成下生殖板；雄性外生殖器通常被扩大的第9节腹板所盖；大多数种类雄虫常具发音器，由两前翅相互摩擦发音，如螽斯、蟋蟀、蝼蛄等，或以后足腿节内侧的音齿与前翅相互摩擦发音，如蝗虫。雌虫一般不发音，能发音的种类常具听器（雌、雄两性通常均具听器，仅少数种类不明显或缺），螽斯、蟋蟀、蝼蛄等的听器位于前足胫节基部，或显露，或呈狭缝形，而蝗虫类的听器则位于腹部第1节的两侧，卵形或狭缝状；蝗虫、螽斯和蟋蟀的产卵器发达，分别呈凿状、剑状、刀状或矛状，蝼蛄和蚤蝼无特化的产卵器；尾须1对，短而不分节或长丝状。

■若虫：俗称蝻或跳蝻，形态和生活方式与成虫相似，一般为4~6龄，在发育过程中触角有增节现象，触角的增节多少和翅芽的发育程度是鉴别若虫龄期的依据。第2龄后出现翅芽，后翅反在前翅之上，这可与短翅型成虫相区别。

■生活史：卵生，渐变态。一生分为卵期、若虫期和成虫期3个虫态。卵的形状与产卵方式因种类而异。卵通常为圆形、圆柱形、肾形或长卵形，卵壳薄，淡色，也有些种类卵壳较厚，具色泽。雌虫产卵于土内或土表，有的产在植物组织内。螽斯、蟋蟀等的卵为散产，蝗虫则多产于卵囊内。卵囊是雌虫附腺的分泌物硬化而成，常杂有土粒等。卵囊掩埋于土内，分成两层，上层为胶质部，充满胶质，下层为卵体部，卵粒即在其间。卵囊的大小、形状、构造以及卵数和排列等都因不同种类而异。

直翅目昆虫多数种类在夏秋产卵，卵在缝隙、枯枝落叶或土壤中越冬，翌年4—5月间孵化，6—7月间发育为成虫。少数种类以若虫或成虫越冬。1年1代的种类居多，也有些种类1年2~3代。

■食性：绝大多数种类为植食性，嗜食植物的叶片；也有一些种类为肉食性，取食其他昆虫和小动物，如螽亚目的部分种类；还有少数为腐食性或杂食性。

■ 习性：栖息习性可分为植栖、洞栖和土栖3类。植栖类一般生活在植物枝叶上或地面，如螽斯和蝗虫；洞栖类通常生活于洞穴中；土栖类则大部分时间生活在土壤内，如蝼蛄。螽斯、蟋蟀和蝼蛄多在夜间活动，有较强的趋光性，而蝗虫多在昼间活动。

直翅目昆虫大多有鸣声的习性。声通讯一般是召唤、求偶、告警和争斗信号。人们一般听到的是召唤鸣声，这种鸣声响亮而长久，有的彻夜不停地一声接着一声地叫，召唤者唤来自己的同伴，若唤来的是雄虫就会发出短促嘶哑的争斗声，败者逃走，胜者占领巢穴继续鸣叫；若唤来的同伴是雌虫，雄虫则立刻发出忽高忽低情意绵绵的求偶鸣声。

此外，直翅目昆虫有隐态、拟态、警戒态和自残等防御行为。许多种类的体色与栖境相似，用以隐匿自己，躲避敌害。当它们被捕捉时，常会在跳跃足的腿节与转节间自行断开，以逃一劫。

了解和研究直翅目昆虫，具有多方面的意义：

直翅目昆虫多喜食植物的叶片和根部，对农业、林业和畜牧业造成了巨大的损失。有些种类因具有成群迁飞的习性，从而加大了为害的严重性。例如，世界范围内危害最严重的沙漠蝗 Schistocerca gregaria (Forskal)，其迁飞扩散范围可达65个国家和地区，约占地球陆地面积20%。在我国，据记载，从西周末到1950年的2 600多年间，蝗灾就发生了800多次，平均2～3年就有一次地区性的蝗灾发生，间隔5～7年就有一次大范围的猖獗为害，范围涉及长江以北8个省区，常造成大范围内的庄稼颗粒无收。

虽然直翅目的一些种类为害虫，但有一些种类对于人类来说是有益的。

许多直翅目昆虫富含蛋白质和微量元素，所含脂肪酸多为不饱和脂肪酸，易消化吸收。因此，直翅目昆虫既可作为美味佳肴，也是禽、鸟、鱼等的优质饲料。目前，约有730种直翅目昆虫可供食用。

不同种类的直翅目昆虫的鸣声特征在不同分类阶元存在着差异，特别是对近缘种的鉴定和种下分类是相当简便而有效的方法。用声学方法对鸣声进行分析所得的种类特征是鉴别种类简便而可行的手段，同时也为考察大自然中鸣虫的分布和种群密度，研究声语言特征以及进行声引诱提供经济而简便的方法。

另外，直翅目昆虫有些种类可作药用，如蝼蛄；有些鸣声动听引人，是有名的鸣虫，如螽斯和蟋蟀；有些种类生性好斗，如斗蟋Velarifictorus micado Saussure；有些种类形态娇好、花纹精美、颜色鲜艳，如叶螽Acanthoplus discoidalis (Walker)等。这些都是重要的玩赏昆虫，具有很好的商品价值和欣赏价值，极大地丰富了人们的生活。

2. 检索表

20 体被鳞片；颜面强烈扁平；缺翅或雄性具短翅 ………………………………………… 癞蟋科Mogoplistidae

　　体表缺鳞片；颜面较平；雌雄均具发达的前翅 ………………………………… 铁蟋科Sclerogryllidae

21 体较宽；头部下口式；前翅稍透明，淡褐色；后足胫节的中端距最长 …………… 蛣蟋科Phalangopsidae

　　体较窄；头部前口式；前翅完全透明，无色；后足胫节的上端距最长 …………… 树蟋科Oecanthidae

22 前、中及后足跗节均具3节 ……………………………………………………………………………… 23

　　前足和中足跗节最多仅2节 …………………………………………………………………………… 31

23 缺听器；后足跗节基节背面常具齿，阳茎若存在则为单瓣 ……………… 蜢科（短角蝗科）Eumastacidae

　　听器常存在，少数退化；后足跗节基节背面缺齿，阳茎分基瓣和端瓣两部分，由内阳茎囊壁连接 …… 24

24 头顶具细纵沟；后足股节外侧上、下隆线之间具有不规则的短棒状或颗粒状隆线，上基片短于下基
　　片，若上基片长于下基片，则阳具基背片呈花瓶状，不呈桥状 …………………………………………… 25

　　头顶缺细纵沟；后足股节外侧上、下隆线之间具有羽状平行隆线，上基片长于下基片；阳具基背片
　　大体呈桥状 ………………………………………………………………………………………………… 27

25 头不呈锥形，头顶向前倾斜，侧观与颜面组成直角或钝角；腹部第2节背板的前下角具摩擦板；触
　　角丝状 …………………………………………………………………………………………… 癞蝗科Pamphagidae

　　头一般为锥形，若非锥形，则腹部第2节背板侧面的前下方缺摩擦板；触角丝状或剑状 …………… 26

26 触角丝状 …………………………………………………………………………………… 瘤锥蝗科Chrotogonidae

　　触角剑状 …………………………………………………………………………………… 锥头蝗科Pyrgomorphidae

27 触角丝状 ……………………………………………………………………………………………………… 28

　　触角非丝状 …………………………………………………………………………………………………… 30

28 前胸腹板在两前足之间具前胸腹板突，呈圆锥形、圆柱形、三角形或横片状 …… 斑腿蝗科Catantopidae

　　前胸腹板在两前足之间平坦或略隆起，不具前胸腹板突 …………………………………………………… 29

29 颜面倾斜，若具头侧窝常呈四边形；后足股节内侧近下隆线处具发音齿，若不具发音齿，则后翅纵
　　脉下面具发音齿，与后足股节上侧中隆线摩擦发音；前翅中脉域一般缺中闰脉，若具中闰脉，则在
　　雌、雄两性中均不具音齿；后翅多无暗色带纹 ……………………………………… 网翅蝗科Arcypteridae

　　颜面垂直，若具头侧窝常不呈四边形（有时为三角形或梯形）；后足股节内侧近下隆线处无发音齿；
　　前翅中脉域的中闰脉上具有明显的音齿，有时雌性较弱；后翅常具暗色带纹 ……… 斑翅蝗科Oedipodidae

30 触角棒槌状 ……………………………………………………………………………… 槌角蝗科Gomphoceridae

　　触角剑状 ……………………………………………………………………………………… 剑角蝗科Acrididae

31 前胸背板向后延伸超过胸部，到达或超过腹部；后足跗节3节 ……………………………………………… 32

　　前胸背板向后延伸仅覆盖胸部；后足跗节仅具1~2节，有时退化 …………………………… 蚤蝼科Tridactylidae

32 后足跗节端节明显长于基节；侧单眼位于头两侧 ……………………………………… 胃蚱科Cassitettidae

　　后足跗节端节短于或等于基节；侧单眼位于复眼中部或下缘内侧 ………………………………………… 33

33 前足股节上缘明显具沟；前胸背板前缘向前延伸，突出头部上方 ………………… 股沟蚱科Batrachididae

　　前足股节上缘脊状；前胸背板前缘不向前延伸，不突出头部上方 ………………………………………… 34

34 触角非丝状 …………………………………………………………………………………………………… 35

　　触角丝状 ……………………………………………………………………………………………………… 36

35 触角中段呈三菱形；头部侧观近锥形 ………………………………………………… 三棱角蚱科Tripetaloceridae

　　触角端部数节扁平扩大为卵形或长卵形；头部侧观非锥形 ……………………… 扁角蚱科Discotettigidae

36 颜面隆起，在触角间明显扩大，形成三角形盾片，其宽大于触角基节之宽 .... 枝背蚱科Cladonotidae

　　颜面隆起，在触角间不扩大，其宽较狭于触角基节宽，常具狭纵沟 37

37 前胸背板侧叶后角呈薄片状向外突出，末端呈刺形或平截 38

　　前胸背板侧叶后角向下，端部近圆形；后足跗节基节长于端节 .... 蚱科Tetrigidae

38 前胸背板侧叶后角呈尖锐形向外突出；后足跗节基节长于端节 .... 刺翼蚱科Scelimenidae

　　前胸背板侧叶后角呈斜截形向外突出；后足跗节基节与端节等长 .... 短翼蚱科Metrodoridae

3. 常见种类生态照片

　　共45种昆虫的生态照片，其中24种蝗虫、17种螽斯、2种蟋蟀、1种蚱、1种蝼蛄。

1 玛安秃蝗
Anapodisma miramae Dovnar-Zapolskii
（任炳忠　摄）
♀（左）♂（右）

2 长额负蝗
Atractomorpha lata (Motschoulsky)
（任炳忠　摄）
交尾（左）♀（右上）♂（右下）

3 轮纹异痂蝗
Bryodemella tuberculatum dilutum (Stoll) ♀
（任炳忠　摄）

4 短星翅蝗
Calliptamus abbreviatus Ikonnikov ♀
（任炳忠　摄）

5 黑翅雏蝗
Chorthippus aethalinus (Zubovsky)
（任炳忠　摄）
♀（左下）♂（左上、右）

6 华北雏蝗
Chorthippus brunneus huabeiensis Xia et Jin
（任炳忠　摄）
♀（左）♂（右）

7 北方雏蝗
Chorthippus hammarstroemi (Miram)
（任炳忠　摄）
♀（左）♂（右）

8 长白山金色蝗
Chrysacris changbaishanensis Ren, Zhang et Zheng ♀
（任炳忠　摄）

9 大绿洲蝗
Chrysochraon dispar major Uvarov
（任炳忠　摄）
短翅型♀（左）♂（右）

10 长翅燕蝗
Eirenephilus longipennis (Shiraki)
（任炳忠　摄）
交尾（左）♀（右上）♂（右下）

11 大垫尖翅蝗
Epacromius coerulipes (Ivanov)
（任炳忠　摄）
♀（下）♂（上）

12 左家异爪蝗
Euchorthippus zuojianus Zhang et Ren
（任炳忠　摄）
♀（左）♂（右）

13 玛蝗
Miramella solitaria (Ikonnikov)
（任炳忠　摄）
♀（左）♂（右）

14 狭隔鸣蝗
Mongolotettix angustiseptus Wan, Ren et Zhang ♀
（任炳忠　摄）

15 黄胫小车蝗
Oedaleus infernalis Saussure
（任炳忠　摄）
♀（左）♂（右）

16 塞吉幽蝗
Ognevia sergii Ikonnikov
（任炳忠 摄）
♀（左）♂（右）

17 绿牧草蝗
Omocestus viridulus (Linnaeus)
（任炳忠 摄）
♀（左）♂（右）

18 草绿蝗
Parapleurus alliaceus (Germar)
（任炳忠 摄）
♀（左）♂（右）

19 长须跃度蝗
Podismopsis dolichocerca Ren, Zhang et Zheng
（任炳忠 摄）
♀（左）♂（右）

20 凹须翘尾蝗
Primnoa cavicerca Zhang
（任炳忠　摄）
♀（左）♂（右）

21 白纹翘尾蝗
Primnoa mandshurica (Ramme)
（任炳忠　摄）
交尾（左）♀（右上）♂（右下）

22 长翅素木蝗
Shirakiacris shirakii (I. Bolivar)
（任炳忠 摄）
交尾（左） ♀（右上） ♂（右下）

23 疣蝗
Trilophidia annulata (Thunberg) ♀
（任炳忠 摄）

24 小无翅蝗
Zubovskia parvula (Ikonnikov)
（任炳忠　摄）
♀（左）♂（右）

25 中华寰螽
Atlanticus sinensis Uvarov
（李娜　摄）
♀（左）♂（右）

26 短翅蝈螽
Gampsocleis gratiosa Brunner von Wattenwyl
（李娜　摄）
♀（左）♂（右）

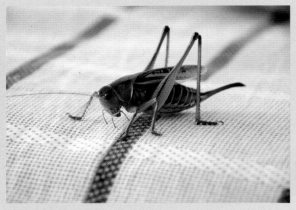 

27 普通蝈螽东北亚种
Gampsocleis sedakovii obscura Walker
（李娜　摄）
♀（左）♂（右）

28 普通蝈螽指名亚种
Gampsocleis sedakovii sedkovii Fischer-Waldheim
（任炳忠　摄）
♀（左）♂（右）

29 乌苏里蝈螽
Gampsocleis ussuriensis Adelung
（李娜　摄）
♀（左）♂（右）

30 邦内特姬螽
Metrioptera bonneti (Bolivar)
（李娜　摄）
♀（左）♂（右）

31 恩氏姬螽
Metrioptera engelhardti Uvarov
（李娜　摄）
♀短翅型（左）♀长翅型（右）

32 中华草螽
Conocephalus chinensis
Redtenbacher ♂
（李娜 摄）

33 普通草螽
Conocephalus fuscus
Fabricius ♂
（李娜 摄）

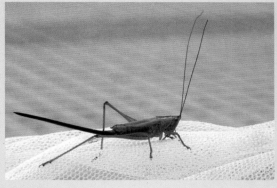

34 长剑草螽
Conocephalus gladiatus (Redtenbacher)
（李娜　摄）
♀（左）♂（右）

35 笨棘颈螽
Deracantha onos Pallas ♂
（任炳忠　摄）

36 日本条螽
Ducetia japonica (Thunberg)
（李娜　摄）
♀（左）♂（右）

37 秋掩耳螽
Elimaea fallax Bey-Bienko ♀（左、右）
（李娜 摄）

38 普通露螽
Phaneroptera falcata Poda
（李娜 摄）
♀（左）♂（右）

39 黑角露螽
Phaneroptera nigroantennata Brunner von Wattenwyl
（李娜 摄）
♀（左）♂（右）

40 姬钩额螽
Ruspolia jezoensis Matsumura et Shiraki ♀
（李娜 摄）

41 鼓翅蝈螽
Uvarovites inflatus (Uvarov)
（任炳忠 摄）
♀（左）♂（右）

42 长瓣树蟋
Oecanthus longicauda Matsumura
（任炳忠 摄）
♀（左）♂（右）

43 黑脸油葫芦
Teleogryllus occipitalis (Serville)
（任炳忠　摄）
♀（左）♂（右）

44 日本蚱
Tetrix japonica (Bolivar)
（任炳忠　摄）

45 蝼蛄
Gryllotalpidae sp.
（任炳忠　摄）

第二节 鞘翅目 Coleoptera

1. 简介

鞘翅目昆虫因其前翅鞘质、坚硬，状似古代武士所披的甲胄，故俗称为甲虫。属有翅亚纲、全变态类，为昆虫纲乃至动物界中的第一大目。因其种类繁多、系统复杂，且坚硬的体壁和鞘质的前翅可以使其免遭侵害，所以得到了极大的发展，广泛地分布于陆地上的每一个角落。截止到目前，全世界已知鞘翅目种类36万余种，占已知昆虫总数的1/3，中国记载约28 300种。

■分类：鞘翅目分为4个亚目：原鞘亚目Archostemata、肉食亚目Adephaga、多食亚目Polyphaga和藻食亚目Myxophaga。其中，肉食亚目和多食亚目与人类关系密切。

现生的鞘翅目昆虫是在二叠纪（Permian period）晚期和侏罗纪（Jurassic）早期分化形成的。但多年来，鞘翅目昆虫的起源、进化及分类系统一直是昆虫学家热烈讨论的话题。Shull（2001）等根据18S rRNA基因全序列利用简约法、似然法及距离法重建肉食亚目39种及13种外群的系统发育关系，认为多食亚目和肉食亚目是姐妹群，藻食亚目位于系统树的基部。Caterino（2002）等基于18S rDNA全序列重建鞘翅目4个亚目之间的系统树，证明了鞘翅目不是单系群，多食亚目和肉食亚目是姐妹群，之后与藻食亚目形成单系群，而与原鞘亚目之间插入了双翅目Diptera和捻翅目Strepsiptera。Hughes（2006）等基于形态学和分子系统学的研究结果，证明了多食亚目与藻食亚目是姐妹群。Hunt（2007）等对1 880种鞘翅目甲虫采用核基因18S rRNA与线粒体基因16S rRNA和COI序列重建鞘翅目系统发育关系，同样也证明了多食亚目与藻食亚目是姐妹群。

■成虫：体微型至巨型，体壁坚硬，体形多样。

头部：头式为前口式或下口式；口器咀嚼式，上唇发达，或与唇基愈合，有些种类则隐藏于唇基下；上颚发达，下颚一般显著，下颚须通常3～5节；触角8～11节，通常11节，柄节、梗节一般变化不大，鞭节的形态变异很大，使触角呈丝状、膝状、念珠状、棍棒状、锤状、锯齿状、栉齿状、双栉状和鳃叶状等；复眼多为圆形，位于头部两侧，常发达，但穴居、外寄生或地下生活种类的复眼常退化或消失；绝大多数种类缺单眼，而隐翅虫科Staphylinidae和埋葬甲科Silphidae的部分种类有2个背单眼，皮蠹科Dermestidae则有1个中单眼。

胸部：前胸背板发达，后缘直、凸出或呈波形；前胸腹板在前足基节间向后延伸；中、后胸常愈合在一起，且后胸较中胸发达。中、后胸背板均被沟分为前盾片、盾片和小盾片。除中胸小盾片露出，其余部分均被鞘翅覆盖，小盾片多为三角形，也有些种类为梯形、方形、圆形或心形；中、后胸腹板位于足基节窝之间，后胸腹板前端向前突出于中足基节窝之间；有翅2对，前翅鞘翅，后翅膜翅；停息时，两鞘翅在体背中央相遇成一条线，后翅折叠于前翅下；部分种类只有1对前翅或无翅；胸足3对，较发达，前足和中足基节多为圆锥状，后足基节横长；

腿节基本相似，个别种类跳跃足腿节膨大；跗节2~5节，跗式有5节类、伪4节类、异跗类、4节类、伪3节类、3节类和2节类；根据足功能和行为的特点，可将其分为步行足、开掘足、抱握足、捕捉足、跳跃足和游泳足。

5节类的跗式是5-5-5，即3对足的跗节均为5节，如虎甲科Cicindelidae、步甲科Carabidae、金龟科Scarabaeidae等类群；伪4节类或隐5节类的跗节实为5节，但第3节相对较大且呈双叶状，第4节短小，从背面不易看到，如叶甲总科Chrysomeloidea和部分象甲科Curculionidae类群；异跗类的跗式是5-5-4，如拟步甲科Tenebrionidae和芫菁科Meloidae类群；4节类的跗式是4-4-4，即3对足的跗节均为4节，如长泥甲科Heteroceridae、伪瓢虫科Endomychidae等类群；伪3节类或隐4节类的跗节实为4节，但第2节相对较大且呈双叶状，第3节短小，从背面不易看到，主要为瓢虫科Coccinellidae昆虫；3节类的跗式是3-3-3，即3对足的跗节均为3节，如蚁甲科Pselaphidae和薪甲科Lathridiidae等类群；2节类的跗式是2-2-2，即3对足的跗节均为2节。

腹部：腹部背板由10节组成，但第1节消失，第9节作为生殖节，参与外生殖器的构造，一般藏于体内，因此可见背板常为8节；腹板5~8节，第9~10节呈套管状陷入腹腔内。第1腹板的形状是分亚目的重要特征。在肉食亚目中，后足基节向后延伸，将第1腹板完全分割开成2块，但在多食亚目中，后足基节未能将第1腹板完全分开；腹部气门一般8对，位于背腹板之间的膜质区或背板上；雌虫腹部末端几节渐细形成可伸缩的产卵管；无尾须。

■幼虫：头骨强烈骨化；口器咀嚼式，无下唇腺；触角3节，偶有4节者；头两侧各具6个或更少的侧单眼；多数有胸足；腹部10节，无前腹足；侧气门呼吸式，后胸气门丧失功能，腹气门8对；属于步甲型、蛞型、蛴螬型、叩甲型或扁型幼虫；少数幼虫无胸足也无腹足，体柔软肥胖，下口式。

■生活史：全变态。生活周期有卵、幼虫、蛹和成虫，但芫菁科、隐颚扁甲科Passandridae和大花蚤科Rhipiphoridae等种类，其幼虫经历步甲型、蛴螬型和拟蛹3个阶段，为复变态。一般为卵生，但部分种类有胎生、卵胎生或幼体生殖现象，如原鞘亚目个别属及隐翅虫科中的某些种类为胎生，而叶甲亚科Chrysomelinae等一些类群中存在卵胎生行为。卵多为圆球形或椭圆形。幼虫通常3~5龄，但也有个别类群出现1~30龄的特殊情况。多数为寡足型，少数无足型。蛹多数是离蛹，少数被蛹。

通常1年1代，部分1年多代或多年1代，甚至一些种类需25~30年才完成1代。一般以成虫、蛹或幼虫越冬，少数以卵越冬。

■食性：鞘翅目昆虫的食性通常分为植食性、肉食性和腐食性，肉食性包括捕食性和寄生性，腐食性包括尸食性和粪食性。大多数是植食性，取食植物的根、茎、叶、花和果实，或者以真菌为食；部分为肉食性，以捕猎其他昆虫或小型动物为生，或寄生于其他昆虫、蜘蛛或小动物活体内；部分为腐食性，以动植物制品、尸体、排泄物或储藏物为食。多数鞘翅目昆虫为多食性，部分寡食性，少数单食性。

■ 习性：鞘翅目昆虫的栖境多样，有水栖、半水栖、陆栖、土栖等。多数成虫有强的趋光性。大部分种类有假死性，当受惊扰时足迅速收拢，伏地不动，或从寄主上突然坠地。有的类群还具有拟态，如某些象甲外形酷似一粒鸟粪。

了解和研究甲虫，具有多方面的意义：

鞘翅目昆虫多数种类为植食性，且食性广，许多种类是农林牧业和储藏物的重要害虫或检疫害虫。如在我国新疆巩乃斯天然草原上，侧琵甲属*Prosodes*昆虫和刺甲属*Platyscelis*昆虫曾大量发生，其面积可达200万亩以上，虫口密度最高达256头/m^2，对草原破坏极为严重。大谷蠹*Prostephanus truncatus* (Horn)是近年来在玉米和木薯上出现的害虫，玉米储藏3～6月重量损失34%，木薯储藏6个月重量损失19%～30%，为害程度比玉米象*Sitophilus zeamais* Motschulsky和米象*Sitophilus oryzae* Linnaeus更为严重，已被我国列为重要的检疫性害虫。还有一些种类能传播植物病害，如松褐天牛*Monochamus alternatus* Hope是松材线虫病病原——松材线虫*Bursaphelenchus xylophilus* (Steiner et Buhrer)的主要传播媒介。

但一些鞘翅目昆虫类群由于其寄主的专一性，因此可为杂草的生物防治提供广阔的应用前景。如利用豚草条纹叶甲*Zygogramma stuturalis* (Fabricius)来防治恶性豚草*Ambrosia* spp.、利用四重叶甲*Chrysolina quadrigemina* (Suffrian)来控制黑点叶金丝桃*Hypericum perforatum* L.、利用空心莲子草跳甲*Agascicles hygrophila* Selman et Vogt防治空心莲子草*Alternanthera philoxeroides* (Martius)等。

鞘翅目昆虫中部分种类为肉食性，是重要的天敌类群，如步甲、捕食性的瓢虫；部分种类是腐食性，以动植物尸体、腐败物和粪便为食，如粪金龟、埋葬甲，在维护地球生态平衡、维持环境的清洁方面起了极大作用。

还有一些鞘翅目昆虫具有医药价值，其中应用较广的如芫菁科的某些种类成虫分泌的芫菁素（亦称斑蝥素），具有发泡、利尿、壮阳等功用，近年来在中医学上也用于治疗某些癌症。

此外，鞘翅目昆虫还是最原始的传粉昆虫之一，其传粉作用位于膜翅目和双翅目之后，居于鳞翅目之前，位列第三。

2. 检索表

1 前胸具背侧缝；后翅具纵室；跗式5-5-5 2

   前胸腹板无背侧缝；后翅无纵室；跗式有5-5-5、5-5-4、4-4-4、伪4节、伪3节等多种类型；下颚外叶非须状，食性多样（多食亚目Polyphaga）...12

2 后足基节与后胸腹板愈合不可动，并把腹部第1可见腹板分开；肉食性（肉食亚目Adephaga）.............3

   后足基节不与后胸腹板愈合，可动，第1可见腹板不完全被后足基节分开（原鞘亚目Archostemata）.....

   ....长扁甲科Cupedidae

3 后足基节不达鞘翅边缘；第1腹节可见；触角具毛；陆生...4

   后足基节达鞘翅边缘；第1腹节不可见；触角多光滑；水生 7

4　腹部腹板6节以下，多为4节；鞘翅末端截形；触角第2节或端部数节扩大成叶片状或棒状.............................

　　..棒角甲科Paussidae

　　腹部腹板6节或6节以上；鞘翅末端圆形；触角非棒状...5

5　触角念珠状；前胸背板具深纵沟，两沟间的脊发达；后胸腹板在后足基节前无横缝.....................................

　　...条脊甲科Rhysodidae

　　触角丝状或非念珠状；前胸背板不形成条脊状；后胸腹板在后足基节前有横缝...6

6　唇基较触角基部宽；下颚内颚叶端部有可动钩...虎甲科Cicindelidae

　　唇基较触角基部窄；下颚内颚叶端部无可动钩...步甲科Carabidae

7　后足基节膨阔成片状，覆盖于腹部前3节或整个腹部...............................沼梭甲科Haliplidae

　　后足基节不膨阔成片状...8

8　后胸腹板在基节前有横缝...9

　　后胸腹板在基节前无横缝...10

9　足无游泳毛；外颚叶1节；身体流线型；半水生.......................................两栖甲科Amphizoidae

　　足具游泳毛；外颚叶2节；身体多数非流线型；水生...水甲科Hygrobiidae

10　背无小盾片；后足基节两片状...小粒龙虱科Noteridae

　　背具小盾片；后足基节非两片状...11

11　前足长，中、后足明显短于前足；复眼分为上、下两个.................................豉甲科Gyrinidae

　　前足最短，后足最长，胫、跗节具长游泳毛；复眼正常.............................龙虱科Dytiscidae

12　腹部第2节有小骨片，位于后足基节外侧；前足胫节外侧通常有齿或刺；触角多为丝状，若为棒状，

　　则由末端5节组成；马氏管多为4条，个别为6条，非隐肾形；幼虫腹端具有关节的尾突.....................13

　　腹部第2节一般不存在；跗式多样；触角若为棒状，不由端部5节组成；马氏管为隐肾形；幼虫无具

　　关节的尾突...39

13　触角8～11节，端部3～8节形成鳃片状；马氏管4条；幼虫无尾突；体粗壮；前足适于开掘..............14

　　触角不形成鳃片状；马氏管6条；幼虫具有关节的尾突；足不适宜开掘...30

14　触角鳃片部各节不呈扁平叶片形，或多或少呈栉状，不能互相并合；腹部仅见5个腹板..............15

　　触角鳃片部各节扁平叶片形，能互相并合；腹部腹板6个，极少仅5个...17

15　下唇颏完整，唇舌后位，或位于颏端；触角在休止时不能卷起..16

　　下唇颏深深凹缺，唇舌大、角状，充塞于下唇颏凹缺处；上唇自由；触角直形，休止时能卷起；体长，

　　背腹通常扁平，光泽强，鞘翅常有明显的纵沟线...黑蜣科Passalidae

16　唇舌与下颚不被下唇颏盖住；触角直形...拟锹甲科Sinodendridae

　　唇舌与下颚被下唇颏盖住；触角通常呈肘状...锹甲科Lucanidae

17　中胸腹板侧片到达足基节；腹部常见6个腹板...18

　　中胸腹板侧片不达足基节；腹部由5个腹板；体表刻纹粗密，鞘翅常有瘤突，臀板被鞘翅覆盖...........

　　...皮金龟科Trogidae

18　腹部气门位于背板腹板间的侧膜上，并全部被鞘翅覆盖；下唇颏与唇舌被1条缝分隔.....................19

　　腹部气门至少端部数对位于腹板侧端，最后1对气门不被鞘翅覆盖；下唇颏与唇舌常合为一体.......24

19　后足胫节仅有1枚端距；小盾片通常不可见；中足基节远远分开；唇基扩大与眼上刺突联成一片，

　　盖住口器；臀板下部外露；触角8或9节，鳃片部由3节组成...金龟科Scarabaeidae

35 腹部易曲屈，腹板7～8个，跗节3～5节；触角一般11节；体细长..........隐翅虫科Staphylinidae

　　腹部不易曲屈，腹板5个，跗节3节；触角往往少于11节；前胸背板较粗..........蚁甲科Pselaphidae

36 后足跗节4～5节...37

　　后足跗节3节...缨甲科Ptiliidae

37 前足基节扁平，或略圆，或球形而小，不突出..........平唇水龟科Hydraenidae

　　前足基节圆锥形而突出，一般大型.......................................38

38 缺单眼...埋葬甲科Silphidae

　　有单眼，有粗颗粒，略呈小卵形褐色种类...........................苔甲科Scydmaenidae

39 后足基节下侧形成沟槽，容纳腿节；前足基节窝开放；跗式5-5-5；触角丝状、锯齿状或栉状；腹部
　　第8气门明显；幼虫无尾突...40

　　后足基节一般无容纳腿节的沟槽；前足基节窝部分或完全关闭；跗式多样；触角多为丝状或棒状；
　　腹部第8气门退化；幼虫具尾突...63

40 前足基节稍隆凸；上唇明显；腹部可见5节；后翅径室短；臀室若存在，外端只有1条脉；幼虫上颚
　　具白齿；下颚外颚叶骨化，非指状；冠缝中干不存在或很短.................41

　　前足基节若隆凸，则上唇退化；后翅径室长；幼虫上颚无明显白齿；下颚外颚叶指状.......43

41 触角羽角状；前足有大型亚基节；幼虫足退化，上颚无白齿..........羽角甲科Rhipiceridae

　　触角非羽角状；前足无亚基节；幼虫上颚具白齿...........................42

42 复眼下方有隆突带；后翅2条臀脉；跗节仅第4节分叶；幼虫触角长，多节，上颚端部具1个钝齿.........
　　...沼甲科Scirtidae

　　复眼下方无隆突带；后翅5条臀脉；跗节2～4节分叶；幼虫触角3节，上颚端部多齿.....花甲科Dascillidae

43 前足基节横形，有点隆突；若前足基节圆形，则后足无腿盖；触角一般丝状或粗；端跗节约与前
　　面各节和等长；幼虫上颚具臼叶；冠缝中干短或消失；第9腹节腹板形成1个盖状构造；足明显.....44

　　前足基节若横形，则触角多呈锯齿状；跗节3或4节为叶片状；端跗节不等于前面各节长度和；若前
　　足基节圆形，后足基节则具1个大的腿盖；幼虫上颚细，无臼叶；若上唇存在，则足退化，头部冠
　　缝中干长...52

44 后胸腹板横沟退化或缺无；幼虫侧单眼倾向于形成1个纵长条.................45

　　后胸腹板横沟发达，幼虫侧单眼非纵长条.................................48

45 成虫跗节不分为2叶；幼虫无单眼..........................扇角甲科Callirhipidae

　　成虫第3跗节分为2叶；幼虫具1个单眼...................................46

46 触角不能折于前胸腹板的纵沟；中足基节相距较近；幼虫下颚关节区发达.......47

　　触角可折于前胸腹板的纵沟内；中足基节相距较远；幼虫下颚与下唇愈合.........缩头甲科Chelonariidae

47 前足基节横形，有发达的爪间突；幼虫腹部1～7节具丝状腹鳃..........掣爪泥甲科Eulichadidae

　　前足基节锥形，无发达的爪间突；幼虫腹部无腹鳃...........毛泥甲科Ptilodactylidae

48 跗式4-4-4；触角7节，短粗，幼虫上颚有臼突；肛上板不发达..........长泥甲科Heteroceridae

　　跗式5-5-5；触角8节以上，细长；幼虫上颚无臼突；肛上板发达.............49

49 后足端跗节短于其余各节之和；幼虫下颚和下唇愈合..........泽甲科Limnichidae

　　后足端跗节长于或等于其余各节之和；幼虫下颚和下唇分开.................50

50 头下弯；足第3跗节双叶状，第4节极小；幼虫下颚关节区发达..........扁泥甲科Psephenidae

头不下弯；足第3跗节不分为2叶；幼虫下颚关节区退化 51

51 触角端部棒状；马氏管隐肾形；幼虫侧叶状，无尾突；上颚多不具臼叶 ....泥甲科Dryopidae

触角端部非棒状；马氏管端部游离；幼虫非侧叶状，具尾突；上颚具发达的臼叶 .....溪泥甲科Elmidae

52 后胸腹板具横缝；前胸腹板突伸至中胸基节沟；前胸不可动；触角短，锯齿状；腹部背板骨化强烈；
马氏管隐肾形；幼虫有上唇，气门筛状；无足 .... 吉丁虫科Buprestidae

后胸腹板无横缝；前胸可动；腹部背板骨化弱；马氏管非隐肾形；幼虫上唇与头壳愈合；气门非筛状；
有足 53

53 后足基节具明显的完整腿盖；腹部可见5节；前胸腹板突发达，直达中足基节间；幼虫上颚内缘无槽；
体形较圆，足退化 54

后足基节腿盖窄，不完全或无；腹部可见6～7节；前胸腹板突不发达；幼虫上颚内缘具槽；体形扁，
足发达 57

54 上唇隐藏；触角窝远离复眼；腹部可见5个腹板多少愈合 .... 隐唇叩甲科Eucnemidae

上唇显露；触角窝接近复眼；腹部可见腹板前3或4节多少愈合，末端1节自由可动 55

55 头部触角窝上方无横脊，唇基在触角窝前方不向侧面延伸；上颚大而显突，强烈拱弯；前胸腹板前
缘没有半圆形叶片；腹部可见5或6个腹板；前足胫节端部常加宽，多少呈齿状或刺状；中足基节几
乎接触；通常至少末2个腹板可以活动 .... 地叩甲科Cebrionidae

头部触角窝上方具横脊，或唇基在触角窝前方向侧面延伸；上颚大不突出；前胸腹板前缘通常具半
圆形叶片；腹部可见腹板前4节愈合 56

56 后足基节的腿盖向外侧变狭；前胸腹板突端部变尖，且向下弯；中足基节接近，其间的宽度小于基
节宽度；触角窝紧靠复眼，其上方通常具横脊；触角锯齿状、栉齿状，少数完全收藏于前胸侧片的
沟中；跗节简单，或3～4节多少呈叶片状；转节短，与腿节连接面斜 .... 叩甲科Elateridae

后足基节的腿盖全为长等于宽；前胸腹板突相当宽扁；中足基节分开较阔，至少与基节的宽度相等；
触角窝不紧靠复眼，额狭无横脊；触角完全收藏于前胸侧片的沟槽中，最末3节呈棒状，或跗节1～4
节腹面具膜质叶片；转节长，与腿节连接面略斜，不能叩头 .... 粗角叩甲科Throscidae

57 前胸腹板突发达，伸至中足基节间；前胸腹板具明显的颈板；幼虫两侧具羽叶状突起，触角第2节
特别膨大 .... 颈萤科Brachypsectridae

前胸腹板突不发达或退化；前胸腹板无明显的板片；幼虫两侧无羽叶状突起，触角第2节不特别膨
大 58

58 前胸腹板突退化，后胸腹板外侧直；幼虫具尾突 .... 稚萤科Drilidae

前胸腹板突完整，端部细；幼虫不具尾突 59

59 第4跗节双叶状；幼虫额唇基区有较长的鼻突 .... 平萤科Homalisidae

第4跗节非双叶状；幼虫鼻突短小 60

60 具发光器 61

无发光器 62

61 具腿盖；后翅具臀室；幼虫冠缝明显，上颚具臼突 .... 萤科Lampyridae

无腿盖；后翅无臀室；幼虫冠缝不明显，上颚无臼突 .... 光萤科Phengodidae

62 转节短；后胸腹板后缘波曲；幼虫上颚发达弯曲，下颚与下唇不合并 .... 花萤科Cantharidae

转节长；后胸腹板后缘较直；幼虫上颚直，下颚与下唇愈合 .... 红萤科Lycidae

63 腹部第8节气门正常；前足基节突出，后足基节凹洼，跗式5-5-5；马氏管末端游离或在后肠一侧埋入呈束状；幼虫下颚具明显的外颚叶和距状的内颚叶；足4节，具跗爪节 64

腹部第8节气门退化；前足基节一般不突出，若突出，则跗式为5-5-4；马氏管末隐肾形；幼虫下颚内、外颚叶多愈合；足5节 71

64 前胸背板端部下弯，头位于其下；头顶无背单眼；第1跗节很小，或转节延长与腿节横接；幼虫蛴螬型，无明显的背片 65

前胸背板端部不下弯；头顶有2个背单眼；第1跗节及转节正常；幼虫非蛴螬型，体背有明显的背片，全身多毛 68

65 后足基节横长，具沟槽可纳入腿节或触角基部靠近；幼虫头部外露，下口式；触角1～2节；体背毛较多 66

后足基节无沟槽；触角基部远离；幼虫头部部分被前胸背板所盖，前口式；触角3节；体背毛稀少 67

66 后足基节凹槽可纳入腿节；触角前3节膨大；鞘翅基部不明显窄于端部；幼虫腹部背面具横的小刺带；常钻蛀木头 .... 窃蠹科Anobiidae

后足基节无沟槽；触角端部不膨大；鞘翅基部明显窄于端部；幼虫腹部无小刺带；无钻蛀木头习性 .... 蛛甲科Ptinidae

67 头部背视外露；触角11节，端部2节呈棒状；腹部第1可见节长于2、3节之和；幼虫腹部第8节气门明显大于其他气门 .... 粉蠹科Lyctidae

头部背视不外露；触角8～10节，端部3～4节组成棒状部；腹部第1可见节短于2、3节之和；幼虫腹部第8节气门与其他气门同样大小 .... 长蠹科Bostrichidae

68 前足基节窝不关闭；后胸腹板正常，无横缝；幼虫具冠缝中干；下颚内颚叶端部距状 69

前足基节窝关闭；后胸腹板很长，具横缝；幼虫无冠缝中干；下颚内颚叶非距状 70

69 后足基节相接；头部具中单眼；转节不加长；幼虫头部具单眼，上颚具明显的臼齿区 .... 皮蠹科Dermestidae

后足基节远离；头部无中单眼；转节加长；幼虫头部无单眼，上颚无明显的臼齿区 .... 黄胸甲科Thorictidae

70 后足基节具凹槽；头部具2个背单眼或类似于单眼的突起；幼虫气门双片状；唇舌非双叶状 .... 伪郭公甲科Derodontidae

后足基节无凹槽；头部无背单眼或类似突起；幼虫气门环状；唇舌双叶状 .... 长腹甲科Sarothriidae

71 跗节伪4节 72

跗节非伪4节 89

72 额区延长成喙，喙的两端各有1个触角窝；触角膝状或棒状；无外咽片；幼虫无胸足，触角1～2节 73

额区不延长成喙；触角多为丝状，个别有锯齿状；有外咽片；幼虫具胸足，触角3节 84

73 喙长且直，触角丝状 .... 三锥象科Brentidae

喙短，若较长则触角膝状 74

74 喙极短，不发达，胫节外侧有齿列，或端部有弯距 75

喙较发达，长短不等，胫节外侧无齿列，端部无弯距 76

75　前足胫节腹面有明显的折皱或颗粒；第1跗节长于2～4节之和，第3节非双叶状；复眼圆形 …… 长小蠹科Platypodidae

　　前足胫节腹面无明显的折皱或颗粒；第1跗节不长于2～4节之和，第3节双叶状；复眼椭圆，边缘有凹痕或被分为2个 …………………………………………………………… 小蠹科Scolytidae

76　跗节4节，第2节双叶状，第3节小，位于其内；前胸背板方形 ………………… 方胸象甲科Aglycyderidae

　　跗节5节，第3节双叶状，第4节小，位于其内；前胸背板卵圆形 …………………………… 77

77　上唇明显；下颚须正常 ………………………………………………………………………… 78

　　上唇不明显；下颚须短小 ……………………………………………………………………… 79

78　喙短宽，外咽缝消失；中足基节窝被中后胸腹板关闭；腹部1～4节相连 ………… 长角象科Anthribidae

　　喙长，外咽缝2条；中足基节窝不被腹板关闭；腹部5节可动 ………………… 毛象科Nemonychidae

79　触角第1节长于2～4节之和，棒状部1节或4节 ………………………… 象甲科Curculionidae

　　触角第1节短于2～4节之和，端部无棒状或具3节棒状部 …………………………………… 80

80　前胸背板具明显的侧缘；触角直线状 …………………………………… 新象甲科Oxycorynidae

　　前胸背板无明显的侧缘 ………………………………………………………………………… 81

81　触角端部逐渐加粗；前胸背板与鞘翅等宽或稍窄；喙直形 ………………………… 矛象科Belidae

　　触角端部3节呈球状部；前胸明显窄于鞘翅；喙多弯曲 ……………………………………… 82

82　触角球状部3节明显分离；上颚尖长；胫节有钩形距2个，爪基部愈合 ………… 卷象科Attelabidae

　　触角球状部3节愈合或紧密相连 ……………………………………………………………… 83

83　转节长形，末端附着于腿节；基节与腿节分离；鞘翅盖及腹部；喙长形，突出于前方 …………………………………………………………………………………………………… 梨象科Apionidae

　　转节三角形；基节与腿节相连；腹部末节外露；喙短宽 ………………… 大象甲科Ithyceridae

84　跗式4-4-4，第4节与第5节完全愈合，有时残留痕迹，但不呈环状；头额前部向下后方扭转，口后位，口器仅腹面可见，有时部分或大部分隐藏于胸腔之内；2根触角在着生处靠近，一般近乎连接；跗节1～3节粘毛单叉状 …………………………………………………………… 铁甲科Hispidae

　　跗式5-5-5，第4节很小，但明显，呈环状；头前口式、亚前口式或下口式，若口器后位或部分隐藏；则2根触角彼此远离，被额的全部所分开；跗节粘毛单支或片支式，或仅第3节单叉式 ……………… 85

85　阳茎具1对中突；各足胫端距具双距，有时前胫单距；中胸背板常具发音器；鞘翅刻点不规则 …… 86

　　无上述特征 …………………………………………………………………………………… 87

86　触角着生在额突上，一般很长，接近或超过体长，偶有很短而不及体长一半的种类，端部细狭，能向后贴背屈折；产卵管和腹部近乎等长；幼虫前胸背板与中、后胸之和等长 ……… 天牛科Cerambycidae

　　触角不着生在额突上，不超过体长一半，端部数节较粗阔，不向后贴背屈折；产卵管远远短于腹部；幼虫前胸背板明显短于中、后胸之和 ………………………………………… 距甲科Megalopodidae

87　头前口式，后头常呈颈状；复眼不与前胸前缘接触，两者之间有一定的距离；前胸两侧一般无边框；跗节第3节粘毛单叉式；雄性阳基环式，若为叉式，则臀板具发音器 ………… 负泥虫科Crioceridae

　　头亚前口式或下口式，后头不呈颈状；复眼常与前胸前缘接触；前胸背板两侧常具边框；跗节粘毛单支或片支式；雄性阳基叉式 …………………………………………………………… 88

88　头下口式；前唇基不明显，额唇基前缘凹弧，两侧前角或多或少突出；前足基节窝关闭；幼虫以粪便作囊，匿居囊内，负囊行走（肖叶甲亚科除外）……………………… 肖叶甲科Eumolpidae

头亚前口式；唇基前部明显地分出前唇基，其前缘平直不凹，两侧前角不突出；前足基节窝关闭或

开放；幼虫不负囊 ....叶甲科Chrysomelidae

89　跗式5-5-5 90

跗式非5-5-5 93

90　触角多为棒状；足具爪间突；鞘翅非细长，表面多毛；幼虫具尾突 91

触角多为锯齿状；足无爪间突；鞘翅细长，表面毛稀少或无；幼虫无尾突 ....筒蠹科Lymexylidae

91　上颚具1个端齿；幼虫下颚无关节区 92

上颚具1对端齿；幼虫下颚具关节区 ....拟花萤科Melyridae

92　胫节外侧具短刺，跗节细长；触角棒状；幼虫腹部第9背板横分为2部分；腹部1～8节具背侧
腺 ....谷盗科Trgossitidae

若胫节外侧具短刺，跗节细长，则触角非棒状；幼虫腹部第9背板不分为2部分；腹部1～8节无背侧
腺 ....郭公甲科Cleridae

93　前足基节突出；雌雄跗式均为5-5-4；幼虫冠缝发达；复眼4对或无 94

前足基节多不突出；跗式非5-5-4，或仅雄性5-5-4；幼虫冠缝不发达或无；复眼6对 113

94　跗爪简单 95

跗爪栉齿状；身体瘦长，隆起，相当柔软并常常有丝状毛，小型至中等大小；前胸背板基部变宽；
触角末节通常较长 ....拟步甲科Tenebrionidae（朽木甲亚科Alleculinae）

95　所有腹板自由活动，即缝与缝之间可见 96

前面第2～4可见腹板紧密连接或多少可动，即2个腹板之间无膜，仅为1种简单的缝 97

96　前胸背板圆柱形；体长而柔软；触角较细长并超过眼；鞘翅不完全遮盖腹部 ....树皮甲科Pythidae

前胸背板非圆柱形；整个身体似瓢虫；触角有棒状节 ....拟步甲科Tenebrionidae（广胸甲亚科Milioninae）

97　腹部有5个可见腹板 98

腹部有6个可见腹板，基部2节不能活动 ....角甲科Salpingidae

98　所有腹板自由，不愈合；前足基节窝前面关闭；体形似虎甲，小型 ....方胸甲科Othiniidae

基部2～3个腹板愈合，无界限分明的缝 99

99　至少跗节倒数第2节腹面有海绵体；前足基节圆，突出于基节窝；体长，较瘦，常常有毛，有时具金属
光泽；触角末节长度常常超过它前面一节的几倍 ....拟步甲科Tenebrionidae（伪叶甲亚科Lagriinae）

跗节倒数第2节腹面无海绵体；前足基节圆，通常不突出于基节窝（包括拟步甲科一部分）...........100

100　头不强烈或不突然地变窄或在眼后方收缩 102

头在眼后方强烈且突然地收缩，或若逐渐地变窄，则跗爪栉状 101

101　体长50 mm以上；触角端部有3个锯齿节形成1个棍棒；前胸背板向前和向后变窄，侧缘圆或具齿，
无基凹；跗节简单；上颚非常大且有力，伸出；大型甲虫 ....三栉牛科Trictenotomidae

体长5～15 mm；触角端部具棍棒，但非锯齿形，触角第1节完全隐藏在眼前的头侧缘下方，由背面
不可见；前胸背板基部狭小如盘状；鞘翅表面无明显纵沟和隆线；足较短 ....盘胸甲科Boridae

102　跗节爪简单，裂开，或具附器 103

跗节爪有肉质叶，常具附器 ....长颈甲科Cephaloidae

103　前胸背板通常前面最宽，几乎无边缘；跗节至少倒数第2节扩展，且下面有突起 ....
....拟天牛科Oedemeridae

前胸背板中间或基部最宽，具边；跗节不扩展 104

104 触角收放在前胸下面的沟内；中等大小，卵形，扁平甲虫，头的一部分缩入前胸背板；足缩入 ......
.... 缩腿甲科Monommatidae

触角自由，不存放在沟内 105

105 前胸背板无侧边缘，后面变窄，盘区不凹陷 .... 角甲科Salpingidae

前胸背板有明显侧边缘 106

106 胫节端距简单 107

胫节端距锯齿状；前胸背板向基部变宽，盘区有基凹；跗节略裂开或具附器；长形至宽卵形甲
虫 .... （部分）长朽木甲科Melandryidae

107 前胸背板侧缘有锐边，至少基部有 108

前胸背板变圆，侧缘无锐边 110

108 触角丝状 109

雄性触角栉状，雌性触角近于锯齿状；跗爪细锯齿状或齿状；鞘翅覆盖腹部 ....
.... （部分）大花蚤科Rhipiphoridae

109 腹部有尖而长的肛节；身体多少侧扁，拱弯；腹部各节紧紧套叠 .... 花蚤科Mordellidae

腹部不伸长，松散地结合在一起；身体不侧扁 .... （部分）长朽木甲科Melandryidae

110 前胸背板基部比鞘翅窄 111

前胸背板基部和鞘翅等宽；体阔，后面非常窄；鞘翅通常后面变短和变窄；雄性触角栉状，雌性
触角锯齿状；雌性有时非常退化 .... （部分）大花蚤科Rhipiphoridae

111 后足基节横阔，不突出；跗爪简单；眼卵形，完整；后足基节彼此分离 .... 蚁形甲科Anthicidae

后足基节横阔，大而突出；跗爪常常裂开或具齿 112

112 跗爪简单；头水平状；触角锯状，雄性栉状；体扁；中等大小甲虫 .... 赤翅甲科Pyrochroidae

跗节裂开或具齿；头倾斜，额垂直；鞘翅略短；体型多少圆柱形；中等大小甲虫 ..... 芜菁科Meloidae

113 前中足基节强烈横长，基前转片全部外露；腹部5～6对具功能气门；若鞘翅端部横切，则2个以上
的背板外露，前足基节窝关闭，下颚须2节；幼虫下颚关节区退化；下唇须1节...露尾甲科Nitidulidae

前中足基节不强烈横长；若鞘翅端部横切，则仅1个背板外露；幼虫下颚关节区发达；下唇须2
节 114

114 中、后足腿节与转节斜向相接，跗式5-5-5；幼虫腹部各节前缘具瘤突；尾突简单，上弯 ....
.... 小花甲科Byturidae

中、后足腿节与转节非斜向相接，若相接，则跗式非5-5-5；幼虫无上述特征 115

115 跗式至少在雌性中为5-5-5，若为4-4-4，则触角丝状；幼虫额明显与下颚分离；尾突发达 116

跗式4-4-4或3-3-3，若为4-4-4，则触角非丝状；幼虫额不明显与下颚分开；尾突退化 122

116 触角多为丝状；幼虫气门环形；第9腹节明显短于第8节 117

触角多为棒状；幼虫气门双孔形；第9腹节不明显短于第8节 118

117 跗节第3节双叶状，第4节短于第1节，雌雄跗式均为5-5-5；幼虫体扁，尾突多消失 ....
.... 锯谷盗科Silvanidae

跗节2、3节非双叶状，第4节长于第1节 .... 扁甲科Cucujidae

118 跗节无双叶状，雌雄跗式均为5-5-5 .... 蜡斑甲科Helotidae

3. 常见种类生态照片

　　共57种鞘翅目昆虫的生态照片，其中29种天牛、11种金龟、4种叶甲、2种瓢虫、2种象甲、2种芫菁、1种叩甲、1种步甲、1种虎甲、1种锹甲、1种葬甲、1种吉丁虫、1种龙虱。

1　苜蓿多节天牛
Agapanthia amurensis Kraatz
（张健　摄）

2　大麻多节天牛
Agapanthia daurica Ganglbauer
（张健　摄）

3 北亚伪花天牛
Anastrangalia sequensi (Reitter)
（张健　摄）

4 光肩星天牛
Anoplophora glabripennis (Motschulsky)
（任炳忠　摄）

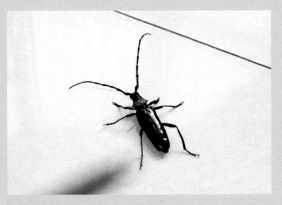

5 桃红颈天牛
Aromia bungii (Faldermann)
（孟庆繁　摄）

6 黑胫短跗花天牛
Brachyta interrogationis (Linnaeus)
（孟庆繁　摄）

7 槐绿虎天牛
Chlorophorus diadema (Motschulsky)
（张健　摄）

8 赤杨伞花天牛
Corymbia rubra (Linnaeus)
（张健　摄）

9 黑角伞花天牛
Corymbia succedanea (Lewis)
（任炳忠　摄）

10 六斑凸胸花天牛
Judolia sexmaculata (Linnaeus)
（张健　摄）

11 双带粒翅天牛
Lamiomimus gottschei Kolbe
（张健　摄）

12 曲纹花天牛
Leptura arcuata Panzer
（任炳忠　摄）

13 栗山天牛
Massicus raddei (Blessig)
（孟庆繁　摄）

14 四点象天牛
Mesosa myops (Dalman)
（孟庆繁　摄）

15 双簇污天牛
Moechotypa diphysis (Pascoe)
（孟庆繁　摄）

16 云杉花墨天牛
Monochamus saltuarius (Gebler)
（任炳忠 摄）

17 云杉小墨天牛
Monochamus sutor (Linnaeus)
（任炳忠 摄）

18 云杉大墨天牛
Monochamus urussovi (Fisher)
（孟庆繁 摄）

19 桦肿腿花天牛
Oedecnema dubia (Fabricius)
（张健 摄）

20 双斑厚花天牛
Pachyta bicuneata Motschulsky
（任炳忠 摄）

21 黑胸驼花天牛
Pidonia gibbicollis (Blessig)
（张健 摄）

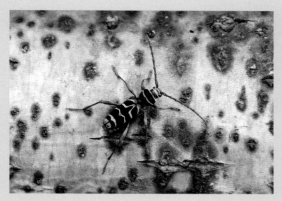

22 栎丽虎天牛
Plagionotus pulcher (Blessig)
（孟庆繁　摄）

23 黄带多带天牛
Polyzonus fasciatus Fabricius
（张健　摄）

24 锯天牛
Prionus insularis Motschulsky
（孟庆繁　摄）

25 色角斑花天牛
Stictoleptura variicornis (Dalman)
（张健　摄）

26 栎瘦花天牛
Strangalia attenuata (Linnaeus)
（张健　摄）

27 麻竖毛天牛
Thyestilla gebleri (Faldermann)
（孟庆繁　摄）

28 四带脊虎天牛
Xylotrechus polyzonus (Fairmaire)
（张健　摄）

29 青杨脊虎天牛
Xylotrechus rusticus Linnaeus
（孟庆繁　摄）

30 多色异丽金龟
Anomala chamaeleon Fairmaire
（孟庆繁、王军　摄）

31 黑异丽金龟
Anomala motschulskyi Harold
（王军 摄）

32 短毛斑金龟（虎皮斑金龟）
Lasiotrichius succinctus (Pallas)
（孟庆繁 摄）

33 粗绿彩丽金龟
Mimela holosericea (Fabricius)
（孟庆繁 摄）

34 小青花金龟
Oxycetonia jucunda Faldermann
（孟庆繁 摄）

35 琉璃弧丽金龟
Popillia flavosellata Fairmaire
（王军 摄）

36 中华弧丽金龟
Popillia quadriguttata (Fabricius)
（王军 摄）

37 白星花金龟
Protaetia brevitarsis (Lewis)
（孟庆繁 摄）

38 暗绿星花金龟
Protaetia lugubris orientalis (Medvedev)
（孟庆繁　摄）

39 东方白点花金龟
Protaetia orientalis (Gory et Percheron)
（任炳忠　摄）

40 双叉犀金龟
Trypoxylus dichotomus (Linnaeus)
（任炳忠　摄）
♀（左）♂（右）

41 榆紫叶甲
Ambrostoma quadriimpressum Motschulsky
（孟庆繁、任炳忠　摄）
成虫（左）幼虫（中）卵（右）

42 杨叶甲
Chrysomela populi Linnaeus
（任炳忠　摄）

43 柳二十斑叶甲
Chrysomela vigintipunctata (Scopoli)
（孟庆繁　摄）

44 黑胸扁叶甲（核桃扁叶甲黑胸亚种）
Gastrolina depressa thoracica Baly
（孟庆繁　摄）

45 七星瓢虫
Coccinella septempunctata Linnaeus
（孟庆繁　摄）

46 马铃薯瓢虫
Henosepilachna vigintioctomaculata (Motschulsky)
（孟庆繁　摄）

47 苹果卷叶象甲
Byctiscus princeps (Solsky)
（孟庆繁　摄）

48 短带长毛象
Enaptorrhinus convexiusculus Heller
（孟庆繁 摄）

49 中华豆芫菁
Epicauta chinensis Laporte
（孟庆繁 摄）

50 苹斑芫菁
Mylabris calida Pallas
（任炳忠 摄）

51 泥红槽缝叩甲
Agrypnus argillaceus (Solsky)
（任炳忠 摄）

52 中华金星步甲
Calosoma chinensis Kirby
（孟庆繁 摄）

53 多型虎甲铜翅亚种
Cicindela hybrida transbaicalica Motschulsky
（孟庆繁 摄）

54 日本真龙虱
Cybister japonicus Sharp
（孟庆繁 摄）

55 斑股锹甲
Lucanus maculifemoratus dybowskyi Parry
（孟庆繁 摄）

56 杨锦纹吉丁虫
Poecilonota variolosa (Paykull)
（孟庆繁 摄）

57 六脊葬甲
Xylodrepa sexcarinata Motschulsky
（孟庆繁 摄）

第三节 鳞翅目 Lepidoptera

1. 简介

鳞翅目昆虫包括蛾类和蝶类，属有翅亚纲、全变态类，为昆虫纲中仅次于鞘翅目的第二大目。体及翅上密被鳞片是该目昆虫的主要特征。全世界已知近16万种，中国已知约9 000种。

分布范围极广，除南极外，所有大陆，无论是干旱的沙漠、高山，还是热带的雨林、沼泽都有发生，尤其以热带种类最为丰富。

■ **分类**：鳞翅目一般分为轭翅亚目Zeugloptera、无喙亚目Aglossata、异蛾亚目Heterobathmiina和有喙亚目Glossata共4个亚目。

■ **成虫**：体微型至巨型，密被鳞片、鳞粉或鳞毛。

头部：头部骨化程度较高，常被有鳞片或鳞毛；口器虹吸式，外观上为一条能卷曲和伸展的长喙，善于取食液体，或口器退化而不取食，但少数种类的口器为咀嚼式，如小翅蛾科Micropterigidae、颚蛾科Agathiphagidae和异蛾科Heterobathmiidae的昆虫；蝶类的触角棍棒状，柄节盖有鳞片，鞭节通常只部分盖有鳞片，蛾类触角的鞭节常发生变异，形成各种类型的触角，如丝状、锯齿状和羽状等，鞭节腹面常无鳞片；复眼呈圆形、卵形或梨形，多发达；下唇须发达。

胸部：胸部3节愈合，中胸最发达；翅膜质，翅面上常密被鳞片、鳞粉或鳞毛，并组成各种不同形状的线条、斑纹等图案，图案的分布和形状因种类的不同而各异，是科以下分类常用的重要依据；蝶类静息时翅竖立，蛾类静息时翅呈屋脊状或平放于腹部背面；蓑蛾科Psychidae、部分尺蛾科Geometridae和毒蛾科Lymantriidae的雌虫无翅；前足胫节内侧有1个胫突，其内部表面密生有细刺，可用于清除触角表面黏附的东西；跗节常5节，有些种类分节数减少，常以第1节最长。

腹部：腹部10节，呈圆筒状或纺锤状，节间膜发达；雌虫腹部可见7节，第7节显著延长，第8～10节明显变细，套缩在第7节内，当雌虫产卵时可伸出，形成1个伪产卵器。雌虫的生殖器根据中输卵管的位置、生殖孔的数目和位置可分为单孔类、外孔类和双孔类3种基本类型；雄虫腹部可见8节，第9～10节的附肢演变成外生殖器；有些种类腹末有毛刷或毛簇；无尾须。

■ **幼虫**：幼虫多数是蠋型，俗称毛虫；体常被刚毛、毛片、毛突、毛瘤、竖毛簇和毛刷，某些种类幼虫的体毛与毒腺相连，使其充满毒液；头壳强度骨化，头盖缝发达，呈"人"字形，为下口式或前口式，两侧常各有6个侧单眼，呈半环形排列；额呈三角形，两侧有1对额侧片；口器咀嚼式，上唇前缘中部常内凹；触角短，3节；胸部3节，前胸具有1对气门和1个骨化区；胸足5节，单爪；腹部10节，除第9、10节外，各节的形态相似，且第1～8节各有1对气门，臀节上常有1个骨化区；腹足5对，分别位于第3～6腹节和第10腹节上；腹足有趾钩，趾钩排列形状有环状、缺环、二纵带、中带和二横带等；少数种类的幼虫是无足型或蛞型。

■ **生活史**：全变态。卵呈卵圆形、圆柱形、馒头形或扁平形等，表面常有饰纹，产卵量多变，单产、散产或窝产。大多数种类将卵产于幼虫取食植物的表面，少数种类能将卵产于软木组织内或树皮缝中，卵表面常覆盖有雌蛾的毛或鳞片。幼虫一般5龄，当其孵化后多数用上颚直接咬破卵壳。幼虫体内有丝腺，通过下唇上的吐丝器常在化蛹前结丝质的茧，但蝶类一般不结茧化蛹，仅有眼蝶和绢蝶结茧，其他种类均为裸蛹，蛾类则结茧化蛹或作土室化蛹。成虫寿命常常较短，有些种类甚至仅有几天。

通常1年发生1~6代，但有些种类1年可达30多代，也有些种类需2~4年才能完成1代。常以幼虫或蛹越冬，部分以卵或成虫越冬。

■ 食性：成虫喜欢吮吸花蜜、树液、发酵水果、动物粪便或尸体等，通常不造成危害，但一些蛾类需补充营养，可能危害一些果实。鳞翅目主要在幼虫期危害，幼虫的食性多种多样，绝大多数是植食性，主要食叶，部分蛀根、茎、花、果和种子。少数种类为肉食性、腐食性、粪食性，或食真菌、蜂蜡等。

■ 习性：蝶类成虫多在白天活动，喜趋向色泽鲜艳而香味浅淡的花朵。蛾类成虫多在夜间活动，喜趋向夜间开放颜色浅淡而香味浓郁的花朵，有很强的趋光性，在3 600~3 650Å黑光灯下常能诱到大量的蛾类，因而常被用作测报、采集和防治的手段。

许多鳞翅目初孵幼虫有吞食卵壳和群集习性，而某些成虫不仅有群集习性，还具有迁飞习性。

蝶和蛾的主要区别：蝶类昆虫静息时翅垂直竖在体背，而蛾类静息时翅通常伸展在两侧呈屋脊状；蝶类通常不吐丝作茧，蛾类幼虫在将进入蛹期时，通常会吐丝作茧；蝶类白天活动，而大部分的蛾类晚上活动。

了解和研究鳞翅目昆虫，具有多方面的意义：

鳞翅目幼虫是最重要的食叶害虫。如苹果桃蛀果蛾*Carposina niponensis* Walsingham，其幼虫蛀食苹果、枣、山楂、桃等多种果树，受害严重的苹果园虫果率高达60%~70%；亚洲玉米螟*Ostrinia furnacalis* (Guenée)，其幼虫危害玉米除根部以外的所有部位，是玉米生长发育过程中最主要的害虫之一，严重影响了玉米的质量和产量；此外，还有危害水稻的三化螟*Scirpophaga incertulas* (Walker)，危害蔬菜的小菜蛾*Plutella xylostella* (Linnaeus)，危害储粮或衣物的麦蛾*Sitotroga cerealella* (Olivier)，危害森林的舞毒蛾*Lymantria dispar* (Linnaeus)等。

但鳞翅目中的一些植食性昆虫是非常重要的绢丝昆虫。如家蚕*Bombyx mori* Linnaeus、柞蚕*Antheraea pernyi* Guérin-Méneville和蓖麻蚕*Philosamia cynthia ricini* Boisduval等。

鳞翅目成虫还是重要的传粉昆虫，具有重要的经济价值；多数美丽的蝴蝶和蛾类是重要的观赏性资源昆虫，具有极大的艺术观赏价值；一些幼虫或产物是重要的药用昆虫，如冬虫夏草、僵蚕和虫茶等，具有较高的药用价值。

2. 检索表

1　触角丝状，末端膨大呈棒状或钩状；后翅无翅缰；无单眼（蝶类）...2
　　触角丝状，栉齿状或纺锤状，但末端不膨大，如末端膨大，则后翅有翅缰；单眼有或缺（蛾类）...18
2　触角端部弯曲，末端尖，基部互相远离；眼的前方有浓密的"睫毛"；前翅中室外的脉弯都不分叉（弄蝶总科Hesperioidea）...3
　　触角端部棒状膨大，末端圆，基部互相接近；眼的前方很少有"睫毛"；前翅至少有1条脉弯在中室外分叉...5

3	雄性后翅有1翅缰	缰蝶科Euschemonidae
	雄性后翅无翅缰	4
4	后足胫节只1个距；翅展超过40mm；触角末端无尖，也不弯曲；头比胸部狭	
		大弄蝶科Megathymidae
	后足胫节2个距；翅展在50mm以下；触角末端钩状明显；头比胸部宽或一样宽	弄蝶科Hesperiidae
5	两性的前足发育正常；前、后翅的中室闭式（凤蝶总科Papilionoidea）	6
	雄性的前足较发达；跗节常不分支，常无爪	8
6	后翅有2条臀脉，臀缘凸出；前足胫节无突出；爪分裂或有齿	粉蝶科Pieridae
	后翅只有1条臀脉，臀缘凹入；前足胫节后有1突起；爪完整	7
7	前翅在肘脉与臀脉间有1横脉；径脉5支；触角不被鳞片；翅三角形；后翅通常有尾状突起	
		凤蝶科Papilionidae
	前翅在肘脉与臀脉间无横脉；径脉4支；触角被有鳞片；翅卵形；后翅无尾状突起	
		绢蝶科Parnassiidae
8	雌性前足正常，爪发达；一般小型（灰蝶总科Lycaenoidea）	9
	雌性前足退化，无爪；后翅有肩脉（蛱蝶总科Nymphaloidea）	11
9	下唇须和胸部一样长，向前伸出，第3节多毛；眼圆	喙蝶科Libytheidae
	下唇须比胸部短；眼有凹陷	10
10	后翅肩角不加厚，通常无肩脉；后翅常有尾状突起	灰蝶科Lycaenidae
	后翅肩角加厚，有肩脉；后翅通常无尾状突起	蚬蝶科Riodinidae
11	前翅通常有1~3条纵脉基部膨大；至少后翅后面有两个眼状斑	眼蝶科Satyridae
	前翅纵脉基部不膨大	12
12	后翅中室闭式	13
	后翅中室开式，或闭有很细的横脉	15
13	前翅比后翅短，中室闭式；后翅有眼状斑；翅色多暗淡；眼有毛；多在黄昏或林荫中活动	
		环蝶科Amathusiidae
	前翅比后翅长，中室闭式或开式；无眼状斑；翅色鲜艳；眼无毛；多在白天活动	14
14	翅狭长，鳞片少，较透明；后翅无发香鳞，触角不被鳞片；雄性腹部末端无毛撮	绡蝶科Ithomiidae
	翅较宽；后翅有发香鳞；触角被有鳞片；雄性腹部末端有毛撮	斑蝶科Danaidae
15	腹部特别短；翅大，色斑灿烂；后翅有眼斑	闪蝶科Morphidae
	腹部不特别短；翅大或小；通常无眼斑	16
16	前翅宽，比后翅略长	蛱蝶科Nymphalidae
	前翅狭，明显长过后翅，多小型种类	17
17	前翅肩脉向翅基部弯曲；下唇须侧扁；中、后足爪对称	袖蝶科Heliconiidae
	后翅肩脉向翅端部弯曲；下唇须圆柱形；爪不对称	珍蝶科Acraeidae
18	前、后翅脉序相似，常具翅轭	19
	前、后翅脉序不同，后翅翅脉减少，Sc与R_1合并，Rs不分支，常具翅轭	20
19	下颚须3节；喙长于头；R_4达前缘；中足胫节具2距；雌虫交配孔与产卵孔极靠近，两者无沟或管相连（扇鳞蛾总科Mnesarchaeoidea）	扇鳞蛾科Mnesarchaeidae

下颚须极短或消失，分节不明显；喙于头或消失；R$_4$达外缘；触角极短；雌性交配孔与产卵孔在体外由1个沟或封闭管相连（蝙蝠蛾总科Hepialoidea）................蝙蝠蛾科Hepialidae

20 雌性生殖孔单个；前翅有翅扣...21

　　雌性生殖孔2个，分别位于第8与第9腹节腹板上；前翅无翅扣或翅轭...26

21 雌性第8腹节缩入第7腹节，产卵器披针形而适于刺穿，泄殖腔开口于腹末节；雄性具箭状阳茎轭片（穿孔蛾总科Incurvarioidea）..22

　　雌性第8腹节不缩入第7腹节，产卵器软而不适于刺穿，无泄殖腔，产卵孔位于第8与9腹节之间；雄性阳茎轭片退化或消失...24

22 翅膜上无微刺；后翅无中室，Sc与R在基部接近；头顶光滑........................日蛾科Heliozelidae

　　翅膜上有微刺；头顶具竖鳞...23

23 雄性触角长于前翅长的1.5～3倍，雌性触角也稍长于前翅.............................长角蛾科Adelidae

　　触角短于前翅长...穿孔蛾科Incurvariidae

24 触角柄节不扩大成眼罩；后足胫节无刺（冠潜蛾总科Tischerioidea）............冠潜蛾科Tischeriidae

　　触角柄节扩大形成眼罩；后足胫节密被刺（微蛾总科Nepticuloidea）...25

25 翅脉均不分叉，无中室，无翅缰...茎潜蛾科Opostegidae

　　翅脉有分叉，前翅R强烈下弯，有1根翅缰...微蛾科Nepticulidae

26 翅通常裂为2至多片..羽蛾科Pterophoridae

　　翅完整或退化...27

27 后翅Sc+R$_1$与Rs在中室外靠近或部分愈合..28

　　后翅Sc+R$_1$与Rs在中室外分离..32

28 腹部第1腹板有1对鼓膜听器...29

　　无鼓膜听器...网蛾科Thyrididae

29 喙基部被鳞片；后翅A有3条...螟蛾科Pyralidae

　　喙基部无鳞片；后翅A有2条；前翅顶角常呈钩状...30

30 前翅M$_2$的基部居中或接近M$_1$；顶角不呈钩状...波纹蛾科Thyatiridae

　　前翅M$_2$的基部接近M$_3$；前翅顶角常弯曲成钩状...31

31 第2腹节有1对感毛簇；前、后翅M$_2$均从中室中部伸出...........................圆钩蛾科Cyclidiidae

　　第2腹节无感毛簇；M$_2$不是从中室中部伸出...钩蛾科Drepanidae

32 有鼓膜听器...33

　　无鼓膜听器...44

33 鼓膜听器在后胸...34

　　鼓膜听器在腹部...41

34 前翅M$_2$居M$_1$与M$_3$中央，或M$_2$与M$_1$接近...舟蛾科Notodontidae

　　前翅M$_2$接近M$_3$...35

35 后翅缺Sc+R$_1$...鹿蛾科Ctenuchidae

　　后翅有Sc+R$_1$...36

36 后翅Sc+R$_1$在中室基部并接或接近...39

　　后翅Sc+R$_1$在中室上缘中部或中部以外并接...37

3. 常见种类生态照片

共101种鳞翅目昆虫的生态照片，其中46种蛾、55种蝶。

1 葡萄缺角天蛾
Acosmeryx naga (Moore)
（孟庆繁 摄）

2 葡萄天蛾
Ampelophaga rubiginosa Bremer et Grey
（孟庆繁 摄）

3 榆绿天蛾
Callambulyx tatarinovi (Bremer et Grey)
（孟庆繁 摄）

4 白须天蛾
Kentrochrysalis sieversi Alphéraky
（孟庆繁 摄）

5 黄脉天蛾
Laothoe amurensis sinica (Rothschild et Jordan)
（孟庆繁 摄）

6 栗六点天蛾
Marumba sperchius Ménétriès
（孟庆繁 摄）

7 钩翅天蛾
Mimas tiliae christophi (Staudinger)
（孟庆繁 摄）

8 日本鹰翅天蛾
Oxyambulyx japonica Rothschild
（孟庆繁 摄）

9 红天蛾
Pergesa elpenor lewisi (Butler)
（孟庆繁 摄）

10 紫光盾天蛾
Phyllosphingia dissimilis sinensis Jordan
（孟庆繁 摄）

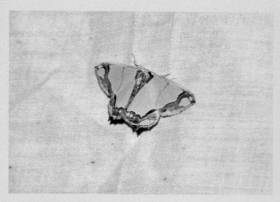

11 萝藦艳青尺蛾
Agathia carissima Butler
（孟庆繁　摄）

12 锯翅尺蛾
Angerona glandinaria Motschulsky
（孟庆繁　摄）

13 李尺蛾
Angerona prunaria Linnaeus
（孟庆繁　摄）

14 罴尺蛾
Anticypella diffusaria (Leech)
（孟庆繁　摄）

15 大造桥虫
Ascotis selenaria (Schiffermüller et Denis)
（孟庆繁　摄）

16 双云尺蛾
Biston comitata Warren
（孟庆繁　摄）

17 曲白带青尺蛾
Geometra glaucaria Ménétriès
（孟庆繁 摄）

18 白带青尺蛾
Geometra sponsaria (Bremer)
（孟庆繁 摄）

19 平无缰青尺蛾
Hemistola stathima Prout
（孟庆繁 摄）

20 细线无缰青尺蛾
Hemistola tenuilinea (Alphéraky)
（孟庆繁 摄）

21 折无缰青尺蛾
Hemistola zimmermanni (Hedemann)
（孟庆繁 摄）

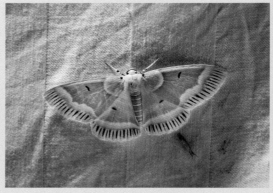

22 青辐射尺蛾
Iotaphora admirabilis (Oberthür)
（孟庆繁 摄）

23 葡萄迴纹尺蛾
Lygris ludovicaria Oberthür
（孟庆繁　摄）

24 女贞尺蛾
Naxa seriaria Motschulsky
（孟庆繁　摄）

25 核桃四星尺蛾
Ophthalmodes albosignaria Bremer et Grey
（孟庆繁　摄）

26 苹烟尺蛾
Phthonosema tendinosaria (Bremer)
（孟庆繁　摄）

27 长眉眼尺蛾
Problepsis changmei Yang
（孟庆繁　摄）

28 碧夜蛾
Bena prasinana (Linnaeus)
（孟庆繁　摄）

29 三斑蕊夜蛾
Cymatophoropsis trimaculata (Bremer)
（孟庆繁 摄）

30 苹果枯叶蛾
Odonestis pruni (Linnaeus)
（孟庆繁 摄）

31 栎毛虫
Paralebeda plagifera Walker
（孟庆繁 摄）

32 杨二尾舟蛾
Cerura menciana Moore
（孟庆繁 摄）

33 黄二星舟蛾
Euhampsonia cristata (Butler)
（孟庆繁 摄）

34 浩波纹蛾
Habrosyna derasa Linnaeus
（孟庆繁 摄）

35 波纹蛾
Thyatira batis Linnaeus
（孟庆繁　摄）

36 绿尾大蚕蛾
Actias selene ningpoana Felder
（孟庆繁　摄）

37 丁目大蚕蛾
Aglia tau amurensis Jordan
（孟庆繁　摄）

38 柞蚕
Antheraea pernyi Guérin-Méneville
（孟庆繁　摄）

39 白毒蛾
Arctornis L-nigrum Müller
（孟庆繁　摄）

40 紫光箩纹蛾
Brahmaea porpuyrio Chu et Wang
（孟庆繁　摄）

41 透翅天蛾
Cephonodes sp.
（任炳忠　摄）

42 芳香木蠹蛾东方亚种
Cossus cossus orientalis Gaede
（孟庆繁　摄）

43 四斑绢野螟
Diaphania quadrimaculalis (Bremer et Grey)
（孟庆繁　摄）

44 优美苔蛾
Miltochrista striata Bremer et Grey
（孟庆繁　摄）

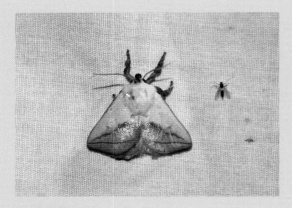

45 黄刺蛾
Monema flavescens Walker
（孟庆繁　摄）

46 单齿翅蚕蛾
Oberthueria falcigera (Butler)
（孟庆繁　摄）

47 绢粉蝶
Aporia crataegi (Linnaeus)
（任炳忠　摄）

48 东亚豆粉蝶
Colias poliographus Motschulsky
（任炳忠　摄）
♀（左）♂（右）

49 淡色钩粉蝶
Gonepteryx aspasia Ménétriès
（任炳忠　摄）

50 黑纹粉蝶
Pieris melete Ménétriès
（任炳忠　摄）

51 暗脉粉蝶
Pieris napi (Linnaeus)
（任炳忠　摄）

52 菜粉蝶
Pieris rapae (Linnaeus)
（任炳忠　摄）

53 麝凤蝶
Byasa alcinous (Klug)
（任炳忠　摄）

54 绿带翠凤蝶
Papilio maackii Ménétriès
（任炳忠　摄）

55 金凤蝶
Papilio machaon Linnaeus
（任炳忠　摄）

56 柑橘凤蝶
Papilio xuthus Linnaeus
（王彬　摄）

57 白绢蝶
Parnassius stubbendorfi Ménétriès
（王彬　摄）

58 大紫琉璃灰蝶
Celastrina oreas (Leech)
（任炳忠　摄）

59 蓝灰蝶
Everes argiades (Pallas)
（任炳忠 摄）

60 翠艳灰蝶
Favonius taxila (Bremer)
（李迎化 摄）

61 黄灰蝶
Japonica lutea (Hewitson)
（任炳忠 摄）

62 橙灰蝶
Lycaena dispar Haworth
（任炳忠　摄）

63 豆灰蝶
Plebejus argus (Linnaeus)
（任炳忠　摄）

64 黑条伞蛱蝶
Aldania raddei (Bremer)
（任炳忠　摄）

65 柳紫闪蛱蝶
Apatura ilia (Denis et Schiffermüller)
（任炳忠　摄）

66 布网蜘蛱蝶
Araschnia burejana Bremer
（任炳忠　摄）

67 丝网蜘蛱蝶
Araschnia levana (Linnaeus)
（任炳忠　摄）

68 绿豹蛱蝶
Argynnis paphia (Linnaeus)
（任炳忠　摄）

69 老豹蛱蝶
Argyronome laodice (Pallas)
（任炳忠　摄）

70 伊诺小豹蛱蝶
Brenthis ino (Rottemburg)
（任炳忠　摄）

71 青豹蛱蝶
Damora sagana (Doubleday) ♀
（任炳忠　摄）

72 孔雀蛱蝶
Inachis io (Linnaeus)
（任炳忠　摄）

73 扬眉线蛱蝶
Limenitis helmanni Lederer
（任炳忠　摄）

74 红线蛱蝶
Limenitis populi (Linnaeus)
（任炳忠　摄）

75 白斑迷蛱蝶
Mimathyma schrenckii (Ménétriès)
（任炳忠　摄）

76 啡环蛱蝶（菲利环蛱蝶）
Neptis philyra Ménétriès
（任炳忠　摄）

77 朝鲜环蛱蝶
Neptis philyroides Staudinger
（任炳忠　摄）

78 链环蛱蝶
Neptis pryeri Butler
（任炳忠　摄）

79 小环蛱蝶
Neptis sappho (Pallas)
（任炳忠　摄）

80 白矩朱蛱蝶
Nymphalis vau-album (Schiffermüller)
（任炳忠　摄）

81 朱蛱蝶
Nymphalis xanthomelas (Denis et Schiffermüller)
（任炳忠　摄）

82 白钩蛱蝶
Polygonia c-album (Linnaeus)
（任炳忠　摄）

83 黄钩蛱蝶
Polygonia c-aureum (Linnaeus)
（任炳忠　摄）

84 黄帅蛱蝶
Sephisa princeps (Fixsen)
（任炳忠　摄）

85 小红蛱蝶
Vanessa cardui (Linnaeus)
（任炳忠　摄）

86 大红蛱蝶
Vanessa indica (Herbst)
（任炳忠　摄）

87 深山珠弄蝶
Erynnis montanus (Bremer)
（任炳忠　摄）

88 双带弄蝶
Lobocla bifasciata (Bremer et Grey)
（任炳忠　摄）

89 白斑赭弄蝶
Ochlodes subhyalina (Bremer et Grey)
（任炳忠　摄）

90 小赭弄蝶
Ochlodes venata (Bremer et Grey)
（任炳忠　摄）

91 蛱型飒弄蝶
Satarupa nymphalis (Speyer) ♂
（任炳忠　摄）

92 阿芬眼蝶
Aphantopus hyperanthus (Linnaeus)
（任炳忠 摄）

93 牧女珍眼蝶
Coenonympha amaryllis (Stoll)
（任炳忠 摄）

94 爱珍眼蝶
Coenonympha oedippus (Fabricius)
（任炳忠　摄）

95 云带红眼蝶
Erebia cyclopius Eversmann
（任炳忠　摄）

96 褐多眼蝶
Kirinia epimenides Ménétriès
（任炳忠　摄）

97 黄环链眼蝶
Lopinga achine (Scopoli)
（任炳忠　摄）

98 华北白眼蝶
Melanargia epimede (Staudinger)
（任炳忠　摄）

99 白眼蝶
Melanargia halimede (Ménétriès)
（任炳忠　摄）

100 矍眼蝶
Ypthima baldus (Fabricius)
（任炳忠　摄）

101 东亚矍眼蝶
Ypthima motschulskyi (Bremer et Gray)
（任炳忠　摄）

1. 简介

膜翅目昆虫俗称蜂和蚁，属有翅亚纲、全变态类。目前，全世界已知约14.5万种，中国已知近12 500种，是昆虫纲中仅次于鞘翅目和鳞翅目的第3个大目。广泛分布于世界各地，从干旱的沙漠到潮湿的沼泽地，从北极附近的冻原到热带地区的雨林，几乎各种陆地生境中都有其足迹。

■ 分类：膜翅目传统上分为广腰亚目Symphyta和细腰亚目Apocrita。

■ 成虫：体微型至大型，小型膜翅目的昆虫的翅展只有1mm，是昆虫中最小的。

头部：头部一般下口式，颈部细小，可自由转动；口器多为咀嚼式，各组成部分的形态构造以及下颚须和下唇须的节数、形状、长短常可作为分类特征，但蜜蜂总科Apoidea的口器为嚼吸式，下颚和下唇延长成喙，用以采食花蜜；触角形状变化较多，有丝状、膝状、棒状、栉状和扇状等，通常以雄性较为发达，多数具13节，雌性较短，多具12节，少数种类节数减少到6～8节；复眼1对，较发达，位于头部两侧；单眼3个，位于额的上方，呈倒三角形排列，少数种类单眼退化或缺少。

胸部：胸部包括前胸、中胸和后胸，在细腰亚目中，还包括并胸腹节；前胸一般较小，横形或不明显，头与前胸之间有颈，有的前胸前缘明显锋锐，将前胸与颈分开，有的前缘消失；中胸发达，常分为中胸盾片和小盾片；盾片有的平整无沟缝，有的则有1对完整或部分消失的盾纵沟，有的中部下陷成槽或隆起；小盾片一般圆形、三角形、卵圆形或舌形，有的很短，有的末端延长或具叉状突起；后胸背板一般不发达；在细腰亚目中，后胸背板紧接并胸腹节；膜翅2对，前翅大于后翅；前翅肩角前有翅基片，前翅前缘常有翅痣，后翅前缘有翅钩列；翅脉变化大，有的复杂，有的简单，甚至完全消失；在姬蜂总科Ichneumonoidea、瘿蜂总科Cynipoidea、小蜂总科Chalcidoidea、青蜂总科Chrysidoidea和胡蜂总科Vespoidea中，部分种类为短翅、微翅或无翅；足转节1～2节；胫节末端无距或具1～2枚距；跗节5节，少数2～4节。

腹部：腹部通常由10节组成，少的只可见2～5节；细腰亚目的第1腹节已并入胸部形成并胸腹节，其形状、大小、长短、倾斜度等变化很大；第2节通常很小，或呈柄状；雌虫第7、8节腹板变形，形成产卵器；膜翅目昆虫的产卵器极度特化，适于锯、钻孔和穿刺等，同时有产卵、蛰刺、杀死、麻痹及保存活的动物寄主食物的功能；产卵器的形状变异很大，有的呈长针状，有的呈短锥状，有的自腹末伸出，有的自腹末前方腹面伸出，有的只作为防御器官而已失去产卵作用；雄虫第7、8腹节腹板及生殖节组成外生殖器，生殖节主要包括生殖突基节、阳茎、阳茎腹铗及生殖刺突等，部分隐藏于体内，一般种间变异很大，是种类鉴别的重要特征；无尾须。

■ 幼虫：根据食性和生活习性的不同，可将膜翅目幼虫分为两类。一类为蠋型幼虫：体型近似鳞翅目的幼虫。体表通常具有毛斑，头部骨化程度强，上颚强大，具触角及下颚须，常有侧单眼，除胸足外还具腹足，腹足数目在6对以上，无趾钩。蠋型幼虫多营自由生活，植食性。另一类为无足型幼虫：体无色斑，无足，头部骨化弱，口器及触角退化，触角柔软不分节，下颚须乳突状，上颚弱，无单眼。多营寄生或拟寄生生活，或生活于由母蜂准备好的饲料中或由工蜂喂食，少数在寄主植物上造成虫瘿。

■ 生活史：全变态，但巨胸小蜂科Perilampidae和姬蜂科Ichneumonidae的少数种类是复变态。卵多为卵圆形或纺锤形，下方多少扁平或有些弯曲。卵的大小和形状变化很大。卵壳整个表面平滑，或具瘤状纹及小刺，或有独特的多角形刻纹。广腰亚目幼虫多为蠋型，体绿色或灰黄色、不透明，头部高度骨化，呈半球形，一般具刚毛，常为下口式。触角1～5节，侧单眼1对或无，胸部和腹部分节明显，胸足常发达，腹足无或6～10对。一般为4～8龄，雌性常比雄性多1龄。细腰亚目幼虫为原足型或无足型，体常白色、半透明，头呈半圆形，骨化程度弱或中等，常为下口式。触角退化，无侧单眼，头部之后的体段分节不明显，无胸足或腹足。幼虫一般3～5龄，少数只有1龄。蛹为裸蛹，在叶蜂总科Tenthredinoidea、姬蜂总科和针尾部昆虫中，蛹有茧或巢室。化蛹场所包括土中、植物组织内、植物表面上、寄主体内或体外。多数膜翅目种类1年1代，少数类群1年2代或多代，个别种类需2～8年才完成1代。如无戎壁蜂Osmia inermis (Zetterstedt)需2年才完成其生活周期，云杉吉松叶蜂Gilpinia hercyniae (Hartig)滞育期可长达6年。多数种类以滞育的老熟幼虫越冬，有些内寄生性的寄生蜂以低龄幼虫在寄主体内越冬，还有少数种类特别是社会性蜂类却是以成虫在树皮下或草丛中越冬。

■ 食性：膜翅目成虫食性复杂。有取食花蜜、花粉和露水的，还有取食其他昆虫分泌的蜜露、寄主伤口的渗出液、植物种子以及真菌的。幼虫的食性主要分为两类。广腰亚目的幼虫多数为植食性，取食植物的叶、茎和干，或取食花粉。细腰亚目的幼虫绝大多数是肉食性，捕食或寄生其他昆虫或蜘蛛。

■ 习性：多数种类营独栖生活，但蚁科Formicidae、胡蜂科Vespidae和蜜蜂科Apidae的种类为真社会性昆虫，营巢群栖，有明确的社会分工。如蜂（蚁）后专门负责产卵繁殖，雄蜂（蚁）通常在交配后不久死亡，工蜂（蚁）主要负责采集食物、营巢、抚幼等职，蚁科中还有专门负责保卫的兵蚁。社会性种类在成虫和幼虫间还存在"交哺"现象，如胡蜂成蜂饲喂幼虫时，幼虫分泌一种乳白色液体，供成蜂取食。蜜蜂通常会以不同的"舞姿"向群体内其他成员传递蜜源植物的方位与巢的距离等。而蚁则是通过腹部腹面在爬行过程中留下的踪迹外激素指示同巢成员找到食物及归巢路线的。

膜翅目的多数成虫喜阳光，白天在花丛上活动，是最重要的传粉昆虫。少数种类喜欢荫湿生境，如叶蜂和细蜂中的部分种类。还有一些种类在夜间活动，有趋光性。

膜翅目中的一些种类为寄生性蜂类，具有寄生习性。寄生习性复杂多样，根据寄主范围、寄主虫态、寄生部位、寄主体上寄生蜂的种类、寄生蜂寄生关系的次序和寄主体上育出寄生蜂个体数等可分为不同的类型。寻找寄主的整个过程一般分为4个阶段：寄主生境定位，寄生蜂常以寄主取食的植物或食物产生的挥发性物质作为信息来寻找寄主生境；寄主定位，寄生蜂找到寄主生境后，借助嗅觉、视觉或触觉等找到寄主；寄主识别，寄生蜂找到寄主后，还要对寄主进行选择，从而避免过寄生；寄主接受，寄生蜂可将寄主的生理调节到利于其发育的状态。

了解和研究膜翅目昆虫，具有多方面的意义：

广腰亚目的幼虫多为植食性，一些种类是重要的林业害虫。例如，落叶松叶蜂*Pristiphora erichsonii* (Hartig) 是我国松树的主要害虫，欧洲云杉吉松叶蜂*Gilpinia hercyniae* (Hartig) 是欧洲针叶树的重要害虫。

同时，膜翅目中的一些种类还会对人类进行滋扰或蜇刺，从而影响人类的生活。如胡蜂和蜜蜂能蜇人，轻则引起局部肿疼，重则致命；某些泥蜂和蚂蚁常在房屋中筑巢或侵扰人类，有的还污染食品。

虽然少数膜翅目昆虫对人类有害，但绝大多数膜翅目昆虫是益虫而非害虫。

膜翅目昆虫是最重要的传粉昆虫。如木瓜榕*Ficus auriculata* Lour.是一种雌雄异株的植物，它只能依赖大果榕小蜂*Ceratosolen emarginatus* Mayr为其异花授粉，从而进行有性繁殖。全世界一共约有750种榕树，每种榕树均由一种小蜂为其进行专一性传粉，很少有例外的情况。

膜翅目昆虫还能给人类提供大量产品，如蜂蜜、蜂王浆、蜂蜡和蜂毒等。瘿蜂形成的虫瘿曾用于制造墨水。此外，膜翅目昆虫中很多类群是天敌昆虫，在自然状态下可以将许多害虫控制在经济允许受害水平以下。如姬蜂类昆虫是林业钻蛀类害虫的重要天敌，对林业蛀虫种群的控制有着举足轻重的作用。同时，通过人工繁殖这些天敌类群，利用其控制害虫，也可起到保护农作物的作用。

2. 检索表

1　腹基部不缢缩，腹部第1节不与后胸合并；前翅至少具1个封闭的臀室；后翅基部至少具3个闭室；除茎蜂科Cephidae外均具淡膜区（广腰亚目Symphyta）......2

　　腹基部缢缩，具柄状或略成柄状；腹部第1节与后胸并成并胸腹节；前翅无臀室；后翅基部少于3个闭室；无淡膜区（细腰亚目Apocrita）......15

2　前翅Rs具二分支；触角鞭节由1个多节愈合成的长棒和多节的端丝组成；前气门后片发达并与侧板愈合；上颚具磨区；中、后足胫节具端前距；阳茎瓣侧突接近阳茎瓣柄的基端；头型开式（长节蜂总科Xyeloidea）......3

　　前翅Rs不分支；触角鞭节不同上述；前气门后片大型并与侧板分离，或很小甚至缺如；上颚无磨区......4

3　雄性外生殖器扭转；触角第3节由8～12个原节合并而成；前翅Rs第1段长于臀横脉；体小型......长节叶蜂科Xyelidae

　　雄性外生殖器不扭转；触角第3节由13～17个原节合并而成；前翅Rs第1段短于臀横脉......

....大长节蜂科Macroxyelidae

4　雄性外生殖器扭转180°；胸部无腹前桥；前胸背板中部狭窄，后缘深凹呈弧形；腹部不缢缩；前胸背板后缘具折叶；前气门后片发达并与侧板分离；前翅中室无背柄，若具短柄，则触角9节；头型开式；阳茎瓣侧突中位（叶蜂总科Tenthredinoidea）..5
　　雄性外生殖器不扭转；胸部具腹前桥；前胸背板中部通常宽，不呈线状，后缘无明显折叶；前翅中室具柄式；触角非9节；头型闭式，如否，则阳茎瓣侧突接近阳茎瓣柄的基端........................9

5　具中胸侧腹板沟；胫节常具端前距；前翅2r缺少；后胸侧板与腹部第1背板愈合；雄性外生殖器无副阳茎；腹部筒形，无边缘脊..6
　　无中胸侧腹板沟；胫节无端前距；常具前翅2r，若缺则前、后翅臀室完整；具副阳茎........................7

6　触角3节，第3节棒状或音叉形；后翅臀室发达，封闭，具3A........................三节叶蜂科Argidae
　　触角多于或等于6节，第3节细短；前、后翅臀室均不完整，无3A........................筒腹叶蜂科Pergidae

7　小盾片附片发达；触角9节，偶有例外；前胸腹板游离；后胸侧板不与第1腹节背板愈合；第1腹节背板通常具中缝........................叶蜂科Tenthredinidae
　　无小盾片附片；触角不为9节........................8

8　触角7节，第3节细长并呈柄状，端部膨大，触角窝上位；无额唇基缝；前胸侧板腹面与腹板愈合；中胸上后侧片强烈倾斜并凹入；后胸侧板大，与第1腹节背板愈合；腹部具侧缘脊，第1腹节背板具中缝；前翅具2r........................锤角叶蜂科Cimbicidae
　　触角多于13节，鞭节栉状，各节均十分短小，触角窝中下位；具额唇基缝；前胸侧板腹面尖且与腹板远离；中胸上后侧片亚水平向凸出；后胸侧板小，不与第1腹节背板愈合；腹部筒形，无侧缘脊，第1腹节背板具中缝；前翅无2r........................松叶蜂科Diprionidae

9　触角4节，第3节长棒状，第4节微小，有时缺；无额唇基缝；前胸背板中部狭窄，前气门后片发达并与侧板分离；前翅中室梨形，翅脉远离翅缘；头型开式；阳茎瓣侧突接近阳茎瓣柄的基端；幼虫蛀食蕨类植物茎秆........................梨室叶蜂科Blasticotomidae
　　触角非4节，长丝状；前胸背板中部宽，前气门后片小并与侧板合并；前翅中室非梨形，翅脉端部接近翅缘；头型闭式；阳茎瓣侧突中位，远离阳茎瓣柄的基端；幼虫不取食蕨类植物........................10

10　腹部第1、2节间显著缢缩，第1节与后胸多少愈合；后胸无淡膜区；无前气门后片......茎蜂科Cephidae
　　腹部第1、2节间不缢缩，第1节不与后胸愈合；后胸具淡膜区；具前气门后片........................11

11　头型4孔式；体型宽扁；前翅Sc完全游离，不与R愈合；翅脉弯曲网状；触角鞭分节具发达叶片；上颚显著延长（广背蜂总科Megalodontesoidea）........................12
　　头型双孔式；体型不扁；前翅Sc与R愈合，仅末端游离；翅脉直，伸向翅端；触角简单丝状；上颚不显著延长........................13

12　前、后翅Sc游离，不与R愈合；M与中室背柄连成直线，中室背柄很短；触角长丝状；腹部第2背板中央分裂；后翅前缘具2丛翅钩........................扁蜂科Pamphiliidae
　　前、后翅Sc愈合；M与中室背柄直线状相连，中室背柄几乎与M等长；触角鞭分节具长叶片；腹部第2背板不分裂；后翅前缘具1丛翅钩........................广背蜂科Megalodontesidae

13　触角短，10～11节，亚端节膨大，常具端钩，着生于唇基腹侧；翅脉退化，前翅臀室具柄式；后翅臀室开放，2A缺少；产卵器长丝状环绕；幼虫寄生性........................尾蜂科Orussidae
　　触角长丝状，5～6节或多于12节，鞭节正常，触角着生于颜面上；翅脉发达，前翅臀室完整；后翅

14 前胸侧板延长，水平方向前伸，头部后缘远离前胸背板；前胸背板中部狭窄，两侧十分发达；中胸
    背板具横缝；末背板无刺突；产卵器短小；前翅基脉与中室背柄成角状弯曲.....长颈树蜂科Xiphydriidae
    前胸侧板不十分延长，伸向前上方，头部与前胸背板接触；前胸背板中部很宽，两侧微弱延长；中
    胸背板无横缝；末背板具发达刺突；产卵器细长；前翅基脉与中室背柄连成直线 ....树蜂科Siricidae

15 后足转节2节；前翅有翅痣，后翅有闭室；雌蜂腹部末端稍呈钩状弯曲；产卵管针状且很少外露；上
    颚大，齿左3右4 ....钩腹蜂科Trigonalyidae
    上述特征不同时具备 16

16 头部单眼周围具5个齿状额突；腹柄长大于宽；前翅有若干闭室 ....冠蜂科Stephanidae
    无上述特征的组合 17

17 具触角下沟；后足胫节端部有密生刚毛的洁净刷 ....巨蜂科Megalyridae
    无触角下沟；后足胫节端部无洁净刷 18

18 腹部着生在并胸腹节背面，远在后足基节上方；触角13～14节；前翅有若干闭室；腹部气门仅第1及
    第8节开口 19
    无上述特征的组合 21

19 前翅有2条回脉；有2个多少完全关闭的肘室，第2肘室由于第2肘脉部分消失而部分开放 ....
    ....举腹蜂科Aulacidae
    前翅有1条或无回脉；仅有1个明显关闭的肘室或无 20

20 前胸长，似颈；前翅径室长，尖形；休息时翅纵褶；胡蜂和蜜蜂的寄生蜂 ....褶翅蜂科Gasteruptiidae
    前胸短，不似颈；腹部短，扁圆形似旗状；前翅径室短宽或无；前翅不折叠；寄生螳螂及蜚蠊卵或
    黄蜂幼虫 ....旗腹蜂科Evaniidae

21 雌虫最后腹节的腹板纵裂，产卵管从腹部末端的前面伸出，并具有1对与产卵管等长而狭的鞘；后
    翅往往无臀叶；转节1或2节 22
    雌虫最后腹节的腹板不纵裂，产卵管从腹部末端伸出，常为1真刺而无1对突出的鞘；前翅前缘室常
    存在；后翅常有臀叶；转节1或为极不明显的2节 47

22 前、后翅脉发达；前翅有1翅痣，通常三角形或少数细长或线形，前缘脉发达，与亚前缘脉汇合而
    无前缘室，或分开而有前缘室；触角多在16节以上 23
    前、后翅脉退化；前翅无翅痣；前缘脉远细于亚前缘脉；腹部腹面坚硬骨质化，无褶；触角丝状或
    膝状，常少于14节；转节1或2节 24

23 回脉2条，若仅1条回脉，则腹部长度为其余体长的3倍；第1盘室与第1肘室不分开；腹部一般可自由
    活动；体型大小不等，体长（产卵管除外）从几毫米到40mm以上 ....姬蜂科Ichneumonidae
    回脉1条或缺，腹部一般不是特别延长；第1盘室与第1肘室分开；通常第2与第3腹节连在一起，背面
    不能自由活动；多为小型昆虫，体长很少超过12mm ....茧蜂科Braconidae

24 前胸背板两侧向后延伸达翅基片；缺胸腹侧片；触角不呈膝状；转节常仅1节；翅有缘室，多少完整；
    翅痣极少发达；体多侧扁 25
    前胸背板不达翅基片；胸腹侧片常存在；触角多少呈明显的膝状；转节常2节；翅脉很退化，常有1
    个线形的痣脉，缺径室 29

25 腹部具柄，着生于后足基节上方；并胸腹节有中沟；第4背板很长 ....光翅瘿蜂科Liopteridae

....小蜂科Chalcididae

36　中胸三角片前端前伸，超过翅基联线 37
　　中胸三角片前端不超过翅基联线 38

37　跗节4～5节；体黄色或褐色，很少黑色，无金属光泽；肘脉及后缘脉不清楚；体长1mm左右；多寄
　　生于介壳虫及蚜虫 .... 蚜小蜂科Aphelinidae
　　跗节4节；体有金属光泽，很少数为黑色或黄色；肘脉或后缘脉发达，或二者均明显发达；体长常
　　大于1mm .... 姬小蜂科（寡节小蜂科）Eulophidae

38　后足基节膨大呈三棱形，明显大于前、中足基节 39
　　后足基节正常，并不明显大于前、中足基节 40

39　腹部卵圆形，背板平且有光泽；中胸盾纵沟深，具稠密网状或皱状刻纹；体多少呈僵直状；产卵管
　　直而长 .... 长尾小蜂科Torymidae
　　腹部长锥形，末端尖，具齿状粗大刻纹，雄的刻纹呈窝状；中胸盾纵沟浅，有光泽，刻纹稀疏微有
　　横皱；体结实，触角短；产卵管短，隐藏于延长的腹部末节；寄生于虫瘿昆虫，特别是蜂类和蝇类
　　.. 刻腹小蜂科Ormyridae

40　胸部特别发达，明显隆起 41
　　胸部不特别发达，不明显隆起 42

41　腹柄很短，第1、2腹节背板长，覆盖其余腹节；腹部横形隆起；触角短，13节，具1环状节和7个索节；
　　胸具粗刻点或细条纹而无网纹；小盾片末端无长突；前翅肘脉不短；为鳞翅目、脉翅目及双翅目的
　　寄生蜂，也可作为重寄生蜂 .... 巨胸小蜂科Perilampidae
　　腹具长柄，第1腹节背板极长，覆盖其余腹节；腹部卵圆形，略侧扁；触角10～14节，不是膝状，无
　　特化的环状节或棒节；前胸自背面观隐蔽，其侧面与胸腹侧片相融合；小盾片末端具长的叉状突起；
　　前翅肘脉很短；以蚂蚁为寄主 .... 蚁小蜂科Eucharitidae

42　中胸侧板完整、膨起；中足胫节的距特别发达，长且大 43
　　中胸侧板不完整，被侧脊沟分割为前侧片和后侧片；中足胫节具正常的距 44

43　前胸大，钟形，其后缘不清楚而与中胸盾片紧密结合；雄蜂跗节4节，雌蜂5节；前足胫节距小.........
　　.. 四节金小蜂科Tetracampidae
　　前胸背板小，不呈钟形，其后缘常明显；跗节常为5节；前足胫节距明显，弯曲 ....
　　.. 金小蜂科Pteromalidae

44　前胸背板短，横形；体有金属光泽 .... 广肩小蜂Eurytomidae
　　前胸背板长，呈方形或前端稍狭 45

45　触角6～7节，具极长而不分节的棒节及2～4个环状节，无索节；中足胫节距具齿或刺；寄生于介壳虫
　　.. 棒小蜂科Signiphoridae
　　触角11～13节，很少具较少的节数；中足胫节距无齿 46

46　中胸背板整个平整或膨起，往往无盾纵沟，中胸盾片与小盾片间的横沟直；前翅缘脉常短；触角无
　　环状节，索节常少于7节；许多种类为介壳虫的寄生蜂 .... 跳小蜂科Encyrtidae
　　中胸背板往往有凹陷或平整，具不明显的盾纵沟，若膨起则具深的盾纵沟；前翅缘脉长；触角具1
　　环状节，索节常为7节 .... 旋小蜂科Eupelmidae

47　腹部第1节呈鳞片状或结节状，有时第1、2节均形成结节状，与第3节背腹两面均具深沟明显的分开；

触角12节或13节 ···63

62 头梨形，触角着生在颜面的隆起上；若有前翅，具6个封闭翅室（包含前缘室）；前足跗节正常 ········

···梨头蜂科Emblemidae

头非梨形，触角不生在颜面的隆起上；若有前翅，至多具5个封闭翅室（前缘室有时开放）；雌性前

足跗节通常特化形成1个螯状的捕捉器官 ···螯蜂科Dryinidae

63 唇基基部具中纵脊；头部前口式；眼不占据头部侧面的大部分；腹部有7节或8节可见的背板；雌性

具螯针 ···肿腿蜂科Bethylidae

唇基无中纵脊；头部下口式；眼大，占据头部侧面的大部分；腹部可见的背板至多6节，通常更少；

雌性具产卵管 ···青蜂科Chrysididae

64 前足胫节1距；无小盾片横沟，如有三角片，则与小盾片主要表面不在同一水平上 ·······················65

前足胫节2距；小盾片通常有一横沟，且具三角片，与主要表面在同一水平上 ······························71

65 触角窝与唇基背缘相连，或分开的距离小于触角窝直径 ···66

触角窝与唇基背缘分开的距离明显大于触角窝直径 ··68

66 触角第1节短状，长为宽的2倍以下；触角13节；上颚外翻，合拢时其端部不相接触；前翅翅脉多，

翅痣宽，缘室封闭 ···离颚细蜂科Vanhorniidae

触角第1节细长，长明显为宽的2倍以上；触角非13节；上颚内弯，若合拢则其端部相接或交叠甚多；

前翅翅脉退化，无翅痣，缘室不封闭 ···67

67 前翅具痣脉，通常也具后缘脉；触角通常11～12节，偶有10节；雄性触角第5节特化 ······················

···缘腹细蜂科Scelionidae

前翅无痣脉或后缘脉，常常没有翅脉；触角通常10节或更少；雄性触角第4节偶在第3节特化 ············

···广腹细蜂科Platygasteridae

68 触角第1节长形，长至少为宽的2.5倍；触角架通常明显；无翅痣 ···············锤角细蜂科Diapriidae

触角第1节短，长至多为宽的2.2倍；无触角架；有翅痣 ···69

69 触角13节；前翅翅痣三角形，缘室短窄；中室不完整，Rs+M基部不曲折 ···········细蜂科Proctotrupidae

触角14节或16节；前翅翅痣长三角形；缘室不短窄；中室完整，Rs+M基部曲折 ·······················70

70 触角16节，包括1环状节；腹部宽度稍大于高度，侧观背板高度等于腹板高度；前翅中室三角形，不

与R接触 ···柄腹细蜂科Heloridae

触角14节，无环状节；腹部强烈侧扁，高度明显大于宽度，侧观背板高度明显大于腹板高度；前翅

中室多角形，与R接触 ···窄腹细蜂科Roproniidae

71 3对足胫节距式2-1-2，前足胫距较大的1个末端不分叉；雌性触角9～10节，雄性10～11节；腹柄节可

见1个短环节；第1节背板基部宽；翅痣线状；中胸盾片至多只有中纵沟 ·········分盾细蜂科Ceraphronidae

3对足胫节距式2-2-2，前足胫距较大的1个末端分叉；雌雄触角均11节；腹柄节甚短，通常为第2节所

覆盖；第1节背板基部窄；翅痣膨大，偶有线状；中胸盾片通常有盾侧沟和中纵沟，偶有缺一或均

缺 ··

···大痣细蜂科Megaspilidae

72 中胸背板（包括小盾片）的毛有分支，呈羽毛状；后足第1节通常大型，常增厚或平，常有毛 ·······73

中胸背板（包括小盾片）的毛简单，不分支；后足第1节纤细，不宽阔或增厚，常无毛 ······················

···泥蜂科Sphecidae

3. 常见种类生态照片

共7种膜翅目昆虫的生态照片。

1 中华蜜蜂
Apis cerana cerana Fabricius
（任炳忠　摄）

2 西方蜜蜂
Apis mellifera Linnaeus
（任炳忠　摄）

3 小雅熊蜂
Bombus lepidus Skorikov
（任炳忠 摄）

4 谦熊蜂
Bombus modestus Eversmann
（任炳忠 摄）

5 密林熊蜂
Bombus patagiatus Nylander
（任炳忠　摄）

6 壁蜂
Osmia sp.
（李志勇　摄）

7 四条蜂
Tetralonia sp.
（李志勇　摄）

第五节 双翅目 Diptera

1. 简介

双翅目昆虫包括蚊、蝇、蠓、蚋和虻等，属有翅亚纲、全变态类。该目昆虫最主要的特征是只有1对前翅，后翅则退化成1对棒槌状的器官即平衡棒，在飞行时用以协助平衡，但也有少数种类的翅和平衡棒均退化而不具飞翔能力。目前，全世界已知双翅目昆虫约15万余种，中国已知15 600余种。其适应性较强，分布范围极为广泛，遍布于全球各地。

■ 分类：双翅目分3个亚目，即长角亚目Nematocera、短角亚目Brachycera和环裂亚目Cyclorrhapha。

■ 成虫：体微型至中型，极少大型。体短宽、纤细，或圆筒形，少数种类近球形。

头部：头式为下口式，口器为舐吸式、刺吸式或刺舐式，部分种类的口器退化；无下唇须。触角形状多样，长角亚目的触角一般6节以上，多者达40节，呈线状、羽状或环毛状；短角亚目和环裂亚目的触角均3节，短角亚目第3节的末端常有1个端刺或分几个亚节，而环裂亚目触角的第3节较大，背面着生触角芒，触角芒形状多样，如栉状、羽状等。复眼发达，其大小和形状有变化；多数种类复眼雌雄异形，雄性为接眼式，复眼在额区相接，有时在颜区接近或相接，而雌性为离眼式，在额区明显分开；少数种类雌雄性的复眼均为接眼式，如舞虻科Empididae的驼舞虻亚科Hybotinae；单眼3个，位于头顶正中央小的单眼三角区内或稍突起的单眼瘤上，有些种类仅有1～2个单眼，少数种类缺单眼，如大蚊科Tipulidae。

胸部：胸部由前胸、中胸和后胸构成，三部分愈合紧密；前胸和后胸较小，中胸相当发达而构成胸部的主体；前胸背板较小；前胸侧板位于肩胛与前足基节之间；前胸腹板与前胸侧板一般分开，但有时侧向扩展与前胸侧板愈合形成基前桥；中胸背板分前盾片、后盾片和小盾片；前盾片的外侧是背侧片；中胸侧板常分中侧片、腹侧片、翅侧片和下侧片；有瓣类Calyptratae头部和胸部的鬃毛常有固定的位置和排列方式；前翅通常发达，膜质，但有时翅退化或无翅，后翅特化为棒翅，其功能是在昆虫飞行中保持平衡；许多种类翅面常常有翅痣，但个别种类的翅出现特化，如网蚊科Blephariceridae翅面有类似脉的皱褶，食蚜蝇科Syrphidae有伪脉；翅基部后有分离的瓣，外与翅相连的为翅瓣，内与胸部相连的为腋瓣；翅瓣和腋瓣一般较小，但有瓣类的翅瓣和腋瓣很发达；跗节5节，前跗节包括1对爪和爪垫，有的还有1个爪间突，爪间突刚毛状或垫状。

腹部：腹部分节明显，呈粗长的筒状，基部粗且向后逐渐变窄，基部1～2节常退化或愈合，有5～8个可见节，侧膜发达；雌虫端部第3～4节缩小成套筒状产卵器，无特化的产卵瓣；有7对气门位于腹部1～7节上，第8节无气门；无尾须。

■ 幼虫：无足型，分全头无足型、半头无足型和无头无足型；长角亚目的幼虫属于全头无足型，头部发达完整，具有骨化的头壳；短角亚目的幼虫属于半头无足型，头部不完整，部分缩入胸部；环裂亚目的幼虫属于无头无足型，上颚口钩上、下垂直活动；幼虫气门主要为两端气门式、后气门式或无气门式，很少为前气门式；两端气门式的幼虫以胸部1对气门和腹末1~2对气门进行呼吸；后气门式的仅腹部最后1对气门有呼吸功能；无气门式的无气门，以体表或气管鳃进行气体交换；前气门式的仅胸部气门有呼吸功能。

■生活史：完全变态，有卵、幼虫、蛹和成虫4个虫态。但小头虻科Acroceridae、网翅虻科和蜂虻科Bombyliidae部分种类是复变态。卵长卵形或纺锤形，卵壳表面光滑或有刻纹。蚊类幼虫4龄，虻类5~8龄，蝇类3龄，无足，常化蛹于水底或土壤中。蚊和虻类的蛹为裸蛹，而蝇类的蛹为围蛹，成虫羽化时从蛹背面呈"T"字形纵裂或由蛹前端呈环形裂开。成虫寿命从几小时到几个月。

通常1年多代，少数几年完成1代。发育所需生活周期因各自的食性、环境以及气候等因素而不同。如食性广而杂的家蝇、食蚜蝇等，生活周期短，年均发生数代；食虫性的蚤蝇科Phoridae、寄蝇科Tachinidae、麻蝇科Sarcophagidae和食蚜蝇科的一些种类生活周期最少10天，多则1年。有瓣蝇类大多以蛹越冬，少数以幼虫越冬，偶尔有成虫越冬的现象。

■食性：双翅目昆虫的食性复杂多样，有植食性、腐食性、捕食性和寄生性，且成虫与幼虫的食性也很不一致。大多数种类的成虫吸食植物的汁液和花蜜作为补充营养，而蚊、蚋、蠓、虻和部分蝇类的成虫吸食人畜血液。其中，蚊、蚋、蠓和部分虻类多属于雌性吸血，而雄性大多数是非吸血性，以植物汁液为营养。但蝇类的吸血种类雌、雄性均吸血。少数种类的成虫取食腐烂的有机物或动物的排泄物，如食蚜蝇、蜂虻、花蝇、寄蝇等。还有一些类群的成虫为捕食性，捕食昆虫或其他小动物。幼虫食性广而杂，植食性的幼虫种类通常取食植物的根、茎、叶、花、果实和种子或引起虫瘿；腐食性的幼虫种类常常取食腐烂的动植物残体或粪便，降解成有机质；肉食性的幼虫种类一般捕食或寄生其他昆虫或无脊椎动物，或吸食人和脊椎动物的血液。

■习性：双翅目昆虫在栖居习性方面分化较大，有陆生生活、水生或半水生生活、水面生活和海岸生活4种类型。成虫陆栖，常白天在植物表面和地上活动，但蚊类多在黄昏、夜间和黎明时分活动，部分虻类和蝇类的成虫则在水面上生活，且有一些种类的翅与足均特化而适于游泳。幼虫喜欢潮湿的环境，大部分是陆栖，在地被物下、石块下或土中生活。但长角亚目的大部、短角亚目的虻科Tabanidae和水虻科Stratiomyidae、环裂亚目的水蝇科Ephydridae等幼虫多为水栖，大多数生活于淡水中，也有栖息于海水或盐水中。

多数蚊类在交配前还有群舞习性，即在黄昏或黎明前后，大量雄蚊在离地面2~3 m的空旷地方、草丛、树林、建筑物附近，群集飞舞。此时，雌蚊陆续飞入雄蚊群，寻找伴侣，并将其携出蚊群，进行交配。交配一般在飞行中进行。

了解和研究双翅目昆虫，具有多方面的意义：

双翅目中不少种类是传播细菌、寄生虫、病毒、立克次氏体等病原体的媒介昆虫。如蚊子传播疟疾、丝虫病、黄热病、登革热等；毛蠓科Psychodidae的白蛉属*Phlebotomus*传播白蛉热、黑热病、东方瘤肿等；虻传播丝虫病、炭疽病、锥虫病以及马的传染性贫血；蠓科Ceratopogonidae中库蠓属*Culicoides*的一些种类为丝虫病的中间宿主；蝇科Muscidae与丽蝇科Calliphoridae除机械地携带各种病原体外，某些种类的幼虫还可引起人畜的蝇蛆症。

双翅目某些类群，如实蝇、麦瘿蚊等的幼虫是农业的重要害虫。花蝇科Anthomyiidae球果花蝇属*Strobilomyia*的幼虫为害松柏球果，严重影响中国北方地区的造林工作；实蝇科Tephritidae的许多种类为害柑橘、梨、桃等；牛皮蝇*Hypoderma bovis* (Linnaeus) 的幼虫寄生于牛皮下，从而导致牛皮因幼虫穿孔而利用价值降低，同时还使牛肉的质量下降，产乳量锐减。

在寄生性双翅目昆虫中，部分种类能够寄生于人畜体内外，造成蝇蛆症、睡眠病，必须加以防治。

虽然有些双翅目昆虫对人类有害，但也有很多双翅目昆虫对人类有很大的益处。

捕食性和寄生性双翅目昆虫作为天敌昆虫在综合防治中起着控制和消灭害虫的强大作用。从其种类、数量以及防治效果来看，重要性仅次于膜翅目昆虫。捕食对象及寄主选择范围极为广泛，可从蜗牛、蚯蚓直到鸟兽，对昆虫的卵、幼虫、蛹和成虫均可捕食。寄生方式可由体内寄生到体外寄生，其中以寄蝇科最为突出，其幼虫绝大多数寄生于鳞翅目、鞘翅目、半翅目等多种害虫体内，能抑制农林害虫的大量发生。

双翅目作为传粉昆虫的第二大类群，被认为是现存被子植物早期分支种类的最主要的传粉者之一，其传粉作用仅次于膜翅目，甚至曾有研究发现，食蚜蝇科昆虫在传粉方面作用要大于蜜蜂。苍蝇是杧果*Mangifera indica* Linnaeus主要的传粉昆虫，若在开花期人工繁殖苍蝇可以很大程度上增加杧果的产量。

在腐食性双翅目昆虫中，所有种类都在物质和能量循环中发挥着重要作用。一些蝇类在尸体的法医鉴定中有非常重要的价值，已被应用到刑事案件调查和侦破中，是法医昆虫学研究的重要内容。另外，双翅目昆虫由于生命周期短，繁殖力强，在科学研究和饲料开发中也有着非常重要的价值。

2. 检索表

1　触角6节以上；下颚须4～5节；幼虫多为全头型（长角亚目Nematocera）..................................2
　　触角5节以下；下颚须1～2节；幼虫为半头型或无头型 21
2　翅脉间具网状折痕；臀叶强突..网蚊科Blephariceridae
　　翅脉间无网状折痕 3
3　平衡棒基部具1个附属物（即前平衡棒）；翅面有伪脉状褶 ....褶蚊科Ptychopteridae
　　无前平衡棒 4
4　翅具2条强的臀脉，1A与2A均伸长达翅缘；足细长；臀叶强突 5
　　翅臀脉至少无2A，或未达翅缘 6

21　触角第3节呈现环节痕迹或具端刺；幼虫半头型；被蛹，羽化时直裂 22

　　触角第3节背面常具芒；幼虫无头型，蛆状；围蛹，羽化时环裂 39

22　爪间突垫状 23

　　爪间突刚毛状或完全缺如 33

23　头部较大，其宽度超过胸部的一半；腋瓣较小，小于头宽 24

　　头部很小，其宽度通常不超过胸部的一半；腋瓣很大，大于头宽 ......小头虻科Acroceridae

24　翅脉正常，径脉和中脉的分支向外伸且较分开，无斜脉从第1基室端部直伸向翅后缘 25

　　翅脉特殊，径脉和中脉的分支向前弯且止于翅顶角前，有1条斜脉从第1基室端部直伸向翅后缘
　　......网翅虻科Nemestrinidae

25　唇基强烈隆突 26

　　唇基较平 28

26　后胸气门后有鳞形片，雌虫尾须1节 27

　　后胸气门后无鳞形片，雌虫尾须2节 ......鹬虻科Rhagionidae

27　下腋瓣很大；触角鞭节非肾形，多节，无触角芒；前缘室开放 ......虻科Tabanidae

　　下腋瓣小；触角鞭节肾形，具亚端生的触角芒；前缘室关闭 ......伪鹬虻科Athericidae

28　前胸腹板与前胸侧板愈合；前缘脉止于M_2末端或之前 29

　　前胸腹板与前胸侧板分开；前缘脉环绕整个翅缘，若非如此则触角鞭节10节以上，呈锯齿状或栉状
　　......30

29　后足胫节有距；第4后室关闭；翅脉位置不前移；盘室大 ......木虻科Xylomyidae

　　后足胫节无距；第4后室开放；翅脉位置前移；盘室小 ......水虻科Stratiomyidae

30　R_5明显止于翅顶角之后 31

　　R_5止于顶角之前 32

31　翅瓣发达，缘隆突 ......臭虻科Coenomyiidae

　　翅瓣窄，缘直 ......穴虻科Vermileonidae

32　触角鞭节8节，非栉状或锯齿状 ......食木虻科Xylophagidae

　　触角鞭节至少10节，栉状或锯齿状 ......肋角虻科Rachiceridae

33　臀室远离翅缘较远处关闭，有时退化 34

　　臀室开放或在翅后缘附近关闭 35

34　第2基室和盘室分开；体无金绿色 ......舞虻科Empididae

　　第2基室和盘室愈合；体一般金绿色 ......长足虻科Dolichopodidae

35　颜中部隆突，有口髭；头顶凹陷 36

　　颜中部不隆突，无口髭；头顶不凹陷 37

36　有3个单眼 ......食虫虻科Asilidae

　　仅有1个单眼 ......拟食虫虻科Mydidae

37　M_1不向前弯；腹部第2背板中央无刺或齿带 38

　　M_1向前弯，止于翅端之前或R_5上；腹部第2背板中央有刺或齿带；鞭节1节，末端有一微小的刺突
　　......窗虻科Scenopinidae

38　第2基室端部有4个角；身体有粗鬃 ......剑虻科Therevidae

第2基室端部有3个角；身体一般无粗鬃 ······ 蜂虻科Bombyliidae

39 头部活动自如；足基节左右靠近；腹部分节明显 ······ 40

　头与胸紧密接合或嵌合；足基节左右远离；体扁，外寄生于动物 ······ 77

40 无额囊缝和新月片 ······ 41

　有额囊缝和新月片 ······ 43

41 头极大 ······ 头蝇科Pipunculidae

　头不特大 ······ 42

42 触角1节；腿节侧扁 ······ 蚤蝇科Phoridae

　触角3节；腿节正常；在R_{4+5}与M_{1+2}之间有1条伪脉，穿过径中横脉，两端不与其他脉相连 ······
······ 食蚜蝇科Syrphidae

43 无翅瓣；触角第2节无纵沟（无瓣类Acalyptratae） ······ 44

　有翅瓣；触角第2节背面外侧有一纵贯全长的裂缝，中胸盾沟明显而完整（有瓣类Calyptratae） ······ 68

44 头部向两侧突伸，复眼着生在突伸部的末端 ······ 45

　头部正常 ······ 46

45 触角着生在头的中央，离复眼很远 ······ （部分）实蝇科Tephritidae

　触角着生在头的突伸部分上，靠复眼近 ······ 突眼蝇科Diopsidae

46 胸部后气门旁至少有1个刚毛；下颚须仅有痕迹 ······ 鼓翅蝇科Sepsidae

　胸部后气门旁无刚毛；下颚须发达 ······ 47

47 亚前缘脉Sc完整，伸达前缘脉与R_1分开；有臀室 ······ 48

　亚前缘脉Sc不完整，不伸达前缘，常与R_1合并；臀室有或无 ······ 61

48 有口鬃 ······ 49

　无口鬃 ······ 51

49 胸部背面扁平；足上多毛 ······ 扁蝇科Coelopidae

　胸部背面隆起，如扁平，则足上毛不多 ······ 50

50 有后头顶毛 ······ 日蝇科Heleomyzidae

　无后头顶毛 ······ 果蝇科Drosophilidae

51 R_5室封闭或末端极窄；足细长 ······ 52

　R_5室不封闭，末端不窄，如窄则足不细长 ······ 54

52 喙极细长，且呈膝状弯曲 ······ 眼蝇科Conopidae

　喙短而厚 ······ 53

53 前足较中足和后足为短；触角第2节无指形突 ······ 瘦足蝇科Micropezidae

　前足较中足和后足为长；触角第2节有一指形突，嵌入第3节的槽内 ······ 指角蝇科Neriidae

54 所有足或有些足的胫节外侧具1端前毛 ······ 55

　胫节一般无端前毛，如有则产卵器长而硬化，或在径脉上有细毛，或臀室的外缘Cu_2弯曲而与臀脉形成锐角 ······ 57

55 后头顶毛左右相遇或交叉；第2臀脉短而不达翅缘 ······ 缟蝇科Lauxaniidae

　后头顶毛平行或分开或无；第2臀脉伸近翅缘 ······ 56

56 腿节具刚毛；R_1止于翅前缘的中部；触角向前延伸 ······ 沼蝇科Sciomyzidae

腿节无刚毛；R₁止于翅前缘的中部以前；触角不向前延伸 .... 圆头蝇科Dryomyzidae

57 无单眼 .... 蜣蝇科Pyrgotidae

有单眼 58

58 翅前缘在接近Sc末端处有缺刻 59

翅前缘完整，在Sc末端处无缺刻 60

59 腹部第2节有侧毛；腿节均膨大；翅上有斑纹 .... （部分）斑蝇科Ulidiidae

腹部第2节无侧毛；腿节不膨大；翅上无斑纹；体黑色 .... 尖尾蝇科Lonchaeidae

60 后头顶毛左右相遇或交叉或缺如 .... （部分）斑腹蝇科Chamaemyiidae

后头顶毛分开 .... （部分）斑蝇科Ulidiidae

61 翅臀室末端突伸成一锐角，Sc末端弯曲，略成直角，翅多斑纹 .... （部分）实蝇科Tephritidae

翅臀室末端不突伸成锐角，Sc末端不弯成直角 62

62 翅前缘完整无缺；无口髭 .... （部分）斑腹蝇科Chamaemyiidae

翅前缘有缺刻1或2处 63

63 翅前缘仅靠近Sc末端处有一缺刻 64

翅前缘除近Sc末端有一缺刻外，在靠近肩横脉处还有一缺刻 67

64 翅无臀室；单眼三角区大；后头顶毛相接或无 .... 秆蝇科Chloropidae

翅有臀室；单眼三角区小；后头顶毛分开或无 65

65 腹侧片上不具毛 .... 茎蝇科Psilidae

腹侧片上具毛 66

66 无口髭 .... 禾蝇科Opomyzidae

具口髭 .... 潜蝇科Agromyzidae

67 后头顶毛平行或相接或缺如；有口髭；有臀室 .... 果蝇科Drosophilidae

后头顶毛分开；无口髭；无臀室 .... 水蝇科Ephydridae

68 口器发达，有舐吸或刺吸的摄食功能 69

口器完全退化，下侧片无髭，或有一束或一排灰色的毛 75

69 下侧片裸；翅侧片裸或具毛 70

下侧片具成行的髭；翅侧片具髭或毛 72

70 下腋瓣不发达；后足胫节的背面无明显的隆脊，具不规则的毛；额较宽，外观常有5或6个可见的腹节
.... 粪蝇科Scathophagidae

下腋瓣发达；后足胫节的背面具隆脊；一般可见腹节4节 71

71 第1臀脉达于翅后缘；端横脉常直；体小到中型 .... 花蝇科Anthomyiidae

第1臀脉不达于翅后缘；端横脉仅少数直形，其余常呈弧形或角形弯曲；体小到中型
.... 蝇科Muscidae

72 后小盾片不明显；触角芒羽毛状；腹部至少第2腹板外露，不被同节背板侧缘所覆盖；幼虫大多数
为尸食、捕食或寄生 73

后小盾片发达，侧面观有2个隆起；触角芒刚毛状；腹部腹板被同节背板所覆盖；幼虫寄生于昆虫
体内 .... 寄蝇科Tachinidae

73 胸部侧面观，外方的1个肩后髭的位置比沟前髭低，两者的连接线略与背侧片的背缘并行；触角芒

通常呈羽毛状或长栉状；体色多为青色或绿色且常有金属光泽；幼虫自由生活，少数为寄生性........
....丽蝇科Calliphoridae

胸部侧面观，外方的肩后鬃的位置比沟前鬃高，或在同一水平上，二者的连接线与背侧片的背缘相
交；触角芒基半部羽毛状或具鬃毛；体色多灰黑色 74

74 下腋瓣宽阔，具小叶，且内缘与小盾片的侧缘相贴；触角芒裸或通常仅在基部的一半呈羽毛状；后
气门的前、后厣都发达，呈扇状；体躯底色黑，一般具明显灰白粉被；幼虫自由生活或寄生于昆虫
体内，少数寄生于脊椎动物 ....麻蝇科Sarcophagidae

下腋瓣狭而不具小叶，内缘与小盾片的侧缘背离；触角芒具纤毛或短毛；体黑而瘦长；幼虫寄生于
甲壳类，有时寄生于鞘翅目昆虫和软体动物体内...................................短角寄蝇科Rhinophoridae

75 下侧片裸；M直；腋瓣小 ....胃蝇科Gasterophilidae

下侧片具毛；M向前呈角形弯曲；腋瓣较大 76

76 口上片中部窄；下侧片有一排强大的鬃；非多软毛种类 ....狂蝇科Oestridae

口上片中部宽，大体上是方的；下侧片有一束毛；为密生软毛种类 ....皮蝇科Hypodermatidae

77 头小而窄，能翻折到中胸背板的槽内；体形似蜘蛛，寄生于蝙蝠 ....蛛蝇科Nycteribiidae

头不如上述 78

78 头部分缩入前胸；下颚须细长 ....虱蝇科Hippoboscidae

头有能动的颈部；下颚须粗短 ....蝠蝇科Streblidae

3. 常见种类生态照片

共14种双翅目昆虫的生态照片，其中12种食蚜蝇、1种小头虻、1种大蚊。

1 小头虻
Acroceridae sp.
（任炳忠　摄）

2 双线毛蚜蝇
Dasysyrphus bilineatus (Matsumura)
（任炳忠 摄）

3 黑带食蚜蝇
Episyrphus balteatus (De Geer)
（任炳忠 摄）

4 灰带管蚜蝇
Eristalis cerealis Fabricius
（任炳忠 摄）

5 缝管蚜蝇
Eristalis rupium Fabricius
（任炳忠　摄）

6 长尾管蚜蝇
Eristalis tenax (Linnaeus)
（任炳忠　摄）

7 大灰优蚜蝇
Eupeodes corollae (Fabricius)
（任炳忠　摄）

8 连斑条胸蚜蝇
Helophilus continuus Loew
（任炳忠　摄）

9 金毛管蚜蝇
Mallota auricoma Sack
（任炳忠　摄）

10 黄带狭腹蚜蝇
Meliscaeva cinctella (Zetterstedt)
（任炳忠　摄）

11 羽芒宽盾蚜蝇
Phytomia zonata (Fabricius)
（任炳忠　摄）

12 印度细腹食蚜蝇
Sphaerophoria indiana Bigot
（任炳忠　摄）

13 黄颜食蚜蝇
Syrphus ribesii (Linnaeus)
（任炳忠　摄）

14 顿斑阔大蚊
Tipula (*Platytipula*) *moiwana* (Matsumura)
（李彦　摄）

1. 简介

蜻蜓目昆虫通称蜻蜓（蜻蛉，中国台湾），是昆虫纲中起源最早的类群之一，在漫长的演化中成为特有的一类。属有翅亚纲、半变态类。全世界现已知约6 000种，中国现已知有780余种，其中棘角蛇纹春蜓*Ophiogomphus spinicornis* Selys和扭尾曦春蜓*Heliogomphus retroflexus* (Ris) 被列为国家重点保护的野生动物。

蜻蜓分布于世界各地。在蜻蜓目中，总科和科的分布反映了古老的地理隔离事件的发生。有些属、种广泛分布于世界各地，而有些属、种为地区性特有。有的种类分布在高山冷水溪（河）流中，有的种类分布在池塘及其他静水中，也有些分布在沼泽地区。总的来看，蜻蜓在温暖地带分布的种类较多。

■分类：蜻蜓目下分均翅亚目Zygoptera、间翅亚目Anisozygoptera和差翅亚目Anisoptera。其中，差翅亚目的蜻科是蜻蜓中种类最多和分布范围最广的一类。

■成虫：体小型至大型，柔软而略扁。

头部：头部宽阔；口器咀嚼式，下口式；头顶有细、短且呈刚毛状的触角1对，多节；复眼大而发达，由20 000多个小眼组成，约为其他昆虫复眼数量的10倍。复眼上半部的小眼专看远处物体，下半部的小眼专看近处物体。蜻蜓远视可达4～5m，是昆虫纲中看得最远的，而一般昆虫都是近视眼；蜻蜓对物体的形状辨别不清，但对活动的物体特别敏感，有利于在飞行中捕食；单眼2～3个。

胸部：前胸小，能活动；中、后胸紧密愈合，之间不能活动，被称为"合胸"；合胸上长有2对膜质翅，翅上有或无斑纹。蜻蜓飞行中，双翅可同时振动，也可轮流振动，又可滑翔，能向前或向后飞，也能在空中原地定位，甚至可在短距离内垂直飞行；前缘中央处有1翅结，近顶处有1翅痣，翅痣会使其在飞行中不受颤震的影响；翅脉较原始，多密如网状，有的种类翅室多达3 000以上；足3对，细长且具刺，足不能行走，仅用于支撑身体或捕食；中、后足的腿节与胫节间可弯曲向前；飞行时，足缩于口器下，便于捕获飞虫；进食时，前足抱住猎物撕咬，中足和后足则攀附于物体上；跗节3节。

腹部：腹部细长、竹节形，除明显的10节外，还有第11节和第12节退化的残迹；末端有肛附器（雄）和产卵器（雌），雄虫的交配器官（即交合器）和储精囊位于第2腹节腹面，而生殖器位于第9腹节。交配前，雄虫先把精液送到储精囊里，然后再进入交合器内；雌虫的外生殖器位于第8腹节和第9腹节，其上有3对生殖突构成的产卵器。在均翅亚目中，雄性各有1对上肛附器和1对下肛附器，而差翅亚目的雄虫只有1对上肛附器和1个下肛附器。

■稚虫：蜻蜓稚虫被称为水虿，水虿的颜色和体型与成虫不同。水虿体绿色至褐色，无杂色，无斑纹；水虿口器构造特殊，下唇亚颏及颏极度延长，二者联接处有1个关节，形成伸屈自如的"面罩"。"面罩"平时折于头下的足基间，遇到猎物时，靠内部血压的变化，可突然伸出，捕获猎物；头、胸部较小；与成虫相比，水虿的足尚未特化前移，但仍可步行；腹部短粗壮。

水虿发育时间因种类不同而异，体型较小的种类（多为均翅亚目）1年内成熟。大多数种类以此期越冬。蜕皮次数一般11～15次。随着龄数的增加，水虿复眼增大，触角节数也增加，翅芽也增大。水虿充分成长后，体躯明显膨大，逐渐由水中的鳃呼吸变为胸部的气门呼吸。内部组织经剧烈变化后，爬出水面，附在植物茎秆上，进入羽化。

水虿可分2大类。均翅亚目的水虿尾鳃具3个大而扁平的鳃叶，可在水中进行气体交换。而差翅亚目的水虿直肠壁上排列着有序的鳃叶，后肠进行有规律的搏动，可引水进入直肠，在此进行气体交换。

■生活史：半变态。要经过卵、稚虫和成虫3个阶段才能完成个体发育。卵孵化时间因种而异。一般卵期为5～40天，少数种类为80～230天。稚虫10～18龄。

蜻蜓进行交配的地点常与其稚虫生活的水体环境密切相关。很多种类的成虫羽化后飞走，性成熟后又回到产卵的水体环境进行交配与产卵。通常雄虫比雌虫早飞回水体附近，等待雌虫。交配时，均翅亚目雄虫的腹末附器抓住雌虫前胸背板的突起构造连接在一起，差翅亚目雄虫则抓住雌虫后头及后头的后方连接在一起。连接后，雌虫将腹部向前弯曲，把位于腹部第8节、第9节之间的生殖孔，对准雄虫腹部第2节腹面的交合器，进行交配。这时雌、雄虫连成环状，或在物体上停息或在空中飞行。蜻蜓连成环状交配的时间长则几小时，短则几秒钟。均翅亚目在授精之后，雄虫不立即离开，仍然保持相连，雌虫则进行产卵，还有一些蜻蜓，雌虫单独产卵时，雄虫在其上方盘旋保护，如有其他雄虫侵入，会与之搏斗，把后者赶走。

蜻蜓产卵的方式不一。差翅亚目中有的蜓类以"立下式"产卵，把很长的产卵器插入水中泥沙或藻类丛间进行点水产卵，当腹部末端与水接触时产生条件反射，随后把已经由产卵孔排到附在腹末的卵点到水里；有的蜻蜓飞在水面上方，将卵粒或卵块以"空投"方式掉入水中；有的蜻蜓停在水旁的水生植物或露出水面的枯枝、石块，或水边地上产卵。均翅亚目中有些种类用产卵器插入水面植物组织中，待稚虫孵出时，掉入水中生活；还有一些种类在湍急流水中产卵，它们停在露出水面的枯枝上，头朝上，腹部朝下，顺着枯枝潜入水中，把卵产在附着在枯枝上的污物中，有时在水下停留数分钟，才又露出水面；还有的雄虫用腹末与雌虫前胸连结起来，拖住雌虫潜入水中产卵。雄虫掌握雌虫下潜时间，适时将雌虫拖出水面，这样的产卵行为可反复多次进行。潜入水中的雌虫，由于水受刚毛阻隔产生表面张力作用，不能与皮肤直接接触，更不能堵塞气门，从而形成一层薄薄的空气层，足可维持成虫长时间潜入水中呼吸之需。

蜻蜓产卵的数目因种类而异。一般在植物组织内产卵的卵较少，只有几十粒，用"点水"方式产的卵较多，可达几百粒，甚至上千粒。

多数种类1年发生1～3代，少数种类需要2～3年甚至4～6年才能完成1代。有的以卵过冬，来年春天再孵化，有的在卵期有滞育现象。

■食性：蜻蜓稚虫和成虫均为捕食性。水虿在水中捕食纤毛虫、轮虫、线虫、小型甲壳类、孑孓及蜉蝣稚虫等，大型的水虿可捕食蝌蚪、小鱼等。水虿在多数情况下是有益的。据估计，1只水虿每年约吃3 000只孑孓。成虫捕食飞行或静息的昆虫（均翅亚目捕获停息的猎物，差翅亚目则捕获行动或飞行的猎物）。

蜻蜓有同类相食的习性，以大食小，有的专以蜻蜓为食。

■习性：蜻蜓属水生昆虫，其卵、稚虫均在水中生活，仅成虫生活于陆地。有的蜻蜓有成群迁飞的现象，迁飞时有其他种的蜻蜓掺杂。有的会飞得很高，日落时下降地面，次晨日出时又继续飞行。飞行地点广阔，有的在海上飞行，有的则远离海岸飞行。飞行个体大多未成熟，不能生殖。

现代的蜻蜓来源于古蜻蜓。演化过程大致为古蜻蜓目Geroptera→原蜻蜓目Protodonata→目前的蜻蜓目。古蜻蜓目仅生存于晚石炭世早期（Namurian），原蜻蜓目生存于晚石炭世—二叠纪（Permian period），而蜻蜓目（均翅亚目的祖先）从二叠纪起一直生存到现在。差翅亚目出现的时间较均翅亚目晚，从中生代的侏罗纪开始至今。所谓的古生代"巨蜻蜓"（giant dragonfly）并非真正的蜻蜓，属原蜻蜓目巨脉蜓科Meganeuridae，其中产于美国早二叠世的二叠拟巨脉蜓*Meganeuropsis permiana* Carpenter翅展达710mm，是目前世界已知最大的昆虫。而产于我国内蒙古自治区赤峰市宁城县的1件螅蜓前翅标本——赵氏修复螅蜓*Hsiufua chaoi* Zhang et Wang前翅长107.6mm，翅展估计达225mm。在世界已知蜻蜓目昆虫（包括化石和现生）中，目前它是前翅第四长的蜻蜓，也是中国已知最大的蜻蜓。

从古蜻蜓到现代的蜻蜓，其体型大小在地质历史上发生了明显的变化。在晚石炭世—早二叠世，它们中的一些种类体型巨大，如晚石炭世的巨脉蜻蜓*Meganeura monyi* Brongniart翅展达650mm，早二叠世的二叠拟巨脉蜓翅展达710mm。但之后此类昆虫的体型明显变小。从已知化石记录得知，其翅展不超过300mm。这种昆虫体型的巨大变化，一种观点认为与地质历史上大气含氧量的变化有关，即古生代晚期大气含氧量的剧增促使巨型昆虫的出现，之后氧含量的锐减使昆虫的体型明显变小。另一种观点认为，晚古生代能够飞翔的脊椎动物尚未出现，昆虫缺少空中天敌，因此能够自由生长而成为"空中巨无霸"。但随着翼龙、鸟类和蝙蝠的陆续出现，飞行并不灵活的巨型昆虫因受到飞行灵活、更加强壮的天敌的抑制而灭绝。晚古生代近地面生活的昆虫中没有发现比较大的类型，很可能就是因为地面生活着大型的捕食者，如大型两栖类、早期爬行类和大型蝎子，它们对昆虫的体型大小起到了控制作用。

了解和研究蜻蜓目昆虫，具有多方面的意义：

蜻蜓是一类较原始而又成功进化的生物类群，稚虫水生，成虫陆生，是半变态昆虫，代表了重要的地史演变，在生物进化研究中有重要的研究价值。同时，蜻蜓是现存六足总纲中古翅类中的一类，是研究古翅类系统发育的极好素材。

水虿生活在水中，与水体有密切的联系，可被作为检测水质的指示生物。

蜻蜓作为生态系统中捕食性的成员，对生态系统稳定和运转起到了重要作用。

蜻蜓的鉴赏价值极高，颜色迥异多彩，是艺术创造的源泉，也是昆虫文化的代表之一，已融入人类的绘画、音乐、诗歌……等精神世界中。

2. 检索表

1　前、后翅的形状和脉序极相似；翅基部成为或不成为柄状；中室不被斜脉分开（后翅偶有被分开者）；翅结位于翅中点的前方；体细长；静止时，翅绝大多数束置胸的上方 2

　　前、后翅的形状和脉序不同；翅基部不成柄状；中室被1斜脉分为3个角室和1个上三角室；至少翅结位于翅中点或中点的后方；体较粗壮；静止时，四翅向左右摊开（差翅亚目Anisoptera）..................... 3

2　前、后翅中室形状相同；复眼由头的两侧强烈突出，由背面观，两复眼的距离大于复眼的宽度，中胸长大于宽，腹部细小，圆筒状（均翅亚目Zygoptera）..................................... 8

　　前、后翅中室形状不同；复眼不明显突出，由背面观，雌性两复眼的间距小于眼的宽度，雄性两复眼上方接近；中胸长小于宽；腹部末端膨大 .... 间翅亚目Anisozygoptera

3　除2条粗的结前横脉外，前缘室与亚前缘室内的横脉，上下不连成直线；前、后翅的三角室形状相似，并对弓脉占有相同的位置（蜓总科Aeshnoidea）..................................... 4

　　无2条粗的结前横脉，前缘室与亚前缘室内的横脉，上下相连成直线；前、后翅的三角室形状和位置显然不同，前翅三角室距弓脉远，尖端朝向翅后缘，后翅三角室距弓脉近，尖端朝向翅末端（蜻总科Libelluloidea）..................................... 6

4　两眼在上方有很长的一段接触 .... 蜓科Aeshnidae

　　两眼在上方分离或仅以一点接触 5

5　下唇中叶末端完整，不沿中线分裂；两眼在上方分离很远 .... 春蜓科Gomphidae

　　下唇中叶沿中线分裂；两眼在上方甚接近或以一点相接触 .... 大蜓科Cordulegastridae

6　后翅三角室比前翅三角室稍微更近弓脉，臀套很少长大于宽，无中肋 .... 大伪蜻科Macromiidae

　　后翅三角室比前翅三角室更近弓脉，或三角室基边与弓脉连成直线；臀套长，足形，具中肋 7

7　雄虫后翅臀角呈角度，并具臀三角室；臀套足形，其"趾"不发达，或无"趾"......伪蜻科Corduliidae

　　雌、雄后翅臀角均为圆形；臀套足形，其"趾"发达 .... 蜻科Libellulidae

8　具5条或多于5条结前横脉；弓脉至翅基的距离小于至翅结的距离（至少两者相等）；翅基部不呈柄状；通常具金属光泽（色蟌总科Calopterygoidea）..................................... 9

　　具2条、稀有3条结前横脉；弓脉至翅基的距离至少与距翅结的距离相等；中室常完整，翅基部缩窄呈柄状（蟌总科Coenagrionoidea）..................................... 12

9　无翅柄，或翅柄到达距离弓脉基很远的地方 10

　　有翅柄，翅柄到达弓脉水平的地方，或者稍微偏基方一些 .... 丽蟌科Amphipterygidae

10　分脉由弓脉下方1/3处生出；盘室与基室等长 .... 色蟌科Calopterygidae

　　分脉由弓脉中央或上方生出；盘室比基室短 11

11　唇基显著突出如鼻；腹部比翅短 .... 隼蟌科Chlorocyphidae

　　唇基正常，脸部凹陷倾斜；腹部比翅长 .... 腹鳃蟌科Euphaeidae

3. 常见种类生态照片

   共63种蜻蜓目昆虫的生态照片，其中14种蜓、31种蜻、18种蟌。

1 长痣绿蜓
Aeschnophlebia longistigma Selys
（王志明 摄）
交尾（左）♀（右上）♂（右下）

2 混合蜓
Aeshna mixta Latreille
（王志明　摄）
交尾♀♂　异型（上左）　交尾♀♂同型（上右）　♀同型（下左）　♀异型（下中）　♂（下右）

3 琉璃蜓
Aeshna nigroflava Martin
（王志明　摄）
♀（左）　♂（右）

4 黑纹伟蜓
Anax nigrofasciatus Oguma
（王志明　摄）
♀（左）♂（右）

5 碧伟蜓
Anax parthenope julius Brauer
（王志明　摄）
连接产卵（左）♀（右上）♂（右下）

6 马奇异春蜓
Anisogomphus maacki (Selys) ♂
（王志明　摄）

7 新月戴春蜓
Davidius lunatus (Bartenev) ♀
（王志明　摄）

8 长腹春蜓
Gastrogomphus abdominalis (McLachlan)
（王志明　摄）
♂侧面（左）♂背面（右）

9 联纹小叶春蜓
Gomphidia confluens Selys ♂
（王志明　摄）

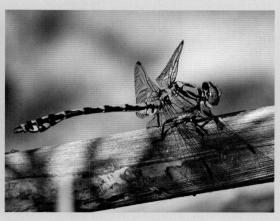

10 暗色蛇纹春蜓
Ophiogomphus obscurus Bartenev
（王志明　摄）
♀（左）♂（右）

11 寒冷邵春蜓
Shaogomphus postocularis epophthalmus (Selys) ♂
（王志明　摄）

12 艾氏施春蜓
Sieboldius albardae (Selys)
（王志明　摄）
♀（左）♂（右）

13 大团扇春蜓
Sinictinogomphus clavatus
(Fabricius)
（王志明　摄）
♀单独点水产卵（左）　♂（右）

14 吉林棘尾春蜓
Trigomphus citimus (Needham)
（王志明　摄）
交尾（左）　♀（右上）　♂（右下）

15 红蜻
Crocothemis servilia mariannae
Kiauta
（王志明　摄）
♀（左）　♂（右）

16 异色多纹蜻
Deielia phaon (Selys)
（王志明　摄）
♀（左）♂（右）

17 虎斑毛伪蜻
Epitheca bimaculata (Charpentier)
（王志明　摄）
♀（左）♂（右）

18 闪蓝丽大伪蜻
Epophthalmia elegans (Brauer)
（王志明　摄）
♀（左）♂（右）

19 白颜蜻
Leucorrhinia dubia (Vander et Linden)
（王志明 摄）
交尾（左）♀（右上）♂（右下）

20 小斑蜻
Libellula quadrimaculata Linnaeus
（王志明 摄）
♀（左）♂侧面（中）♂背面（右）

21 闪绿宽腹蜻
Lyriothemis pachygastra (Selys)
（王志明 摄）
♀（左）♂（右）

22 圆弓蜻
Macromia amphigena fraenata Martin
（王志明　摄）
♀（左）♂（右）

23 东北弓蜻
Macromia manchurica Asahina
（王志明　摄）
♀（左）♂（右）

24 白尾灰蜻
Orthetrum albistylum Selys
（王志明　摄）
交尾（左）♀（右上）♂（右下）

25 粗灰蜻
Orthetrum cancellatum (Linnaeus)
（王志明　摄）
♀（左）♂（右）

26 线痣灰蜻
Orthetrum lineostigma (Selys)
（王志明 摄）
♀（左）♂（右）

27 黄蜻
Pantala flavescens (Fabricius)
（王志明 摄）
♀（左）♂（右）

28 格氏金光伪蜻
Somatochlora graeseri graeseri Selys
（王志明 摄）
♀（左）♂（右）

29 大赤蜻
Sympetrum baccha Selys
（王志明 摄）
♀（左）♂（右）

30 长尾赤蜻
Sympetrum cordulegaster (Selys)
（王志明　摄）
♀（左）♂（右）

31 半黄赤蜻
Sympetrum croceolum Selys
（王志明　摄）
连接飞行（上）♀（下左）♂（下右）

32 达赤蜻
Sympetrum danae (Sulzer) ♀
（王志明　摄）

33 夏赤蜻
Sympetrum darwinianum (Selys) ♂
（王志明　摄）

34 低尾赤蜻
Sympetrum depressiusculum (Selys)
（王志明　摄）
交尾（左）♀（右上）♂（右下）

35 竖眉赤蜻
Sympetrum eroticum ardens (Mclachlan)
（王志明　摄）
交尾（上左）♂（上右）♀老熟成虫（下左）♀（下右）

36 黄尾斑赤蜻（虾黄赤蜻）
Sympetrum flaveolum (Linnaeus)
（王志明　摄）
♀（左）♂（右）

37 方氏赤蜻
Sympetrum fonscolombii (Selys)
（王志明　摄）
♀♂连接（上）　♀（下左）　♂（下右）

38 秋赤蜻
Sympetrum frequens (Selys)
（王志明　摄）
交尾（左）　♀（右上）　♂（右下）

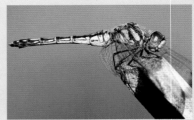

39 褐顶赤蜻
Sympetrum infuscatum (Selys)
（王志明　摄）
交尾（左）♀（右上）♂（右下）

40 小黄赤蜻
Sympetrum kunckeli (Selys) ♂
（王志明　摄）

41 褐带赤蜻
Sympetrum pedemontanum (Allioni)
（王志明　摄）
♀（左）♂（右）

42 李氏赤蜻
Sympetrum risi risi Bartenev
（王志明　摄）
交尾（上左）♂（上右）♀红尾型（下左）♀（下右）

43 条斑赤蜻
Sympetrum striolatum (Charpentier)
（王志明 摄）
交尾（左）♀（右上）♂（右下）

44 大黄赤蜻
Sympetrum uniforme (Selys)
（王志明 摄）
交尾（左）♀（右上）♂（右下）

45 黄腿赤蜻
Sympetrum vulgatum (Linnaeus)
（王志明　摄）
交尾（左）♀（右上）♂（右下）

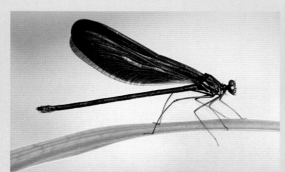

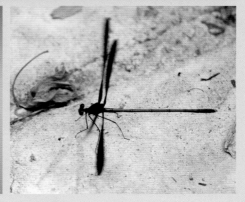

46 黑色蟌
Atrocalopteryx atrata (Selys)
（王志明　摄）
♀（上左）♀双翅扇动（上右）♂（下）

47 日本色蟌
Calopteryx japonica Selys
（王志明　摄）
连接（上左）　雌虫产卵（上右）♀（下左）♂（下右）

48 黑格蟌
Coenagrion hylas (Trybom)
（王志明　摄）
交尾（左）♀（右上）♂（右下）

49 纤腹螅
Coenagrion johanssoni (Wallengren)
（王志明　摄）
♀♂连接（左）♀（右上）♂（右下）

50 矛斑螅
Coenagrion lanceolatum (Selys)
（王志明　摄）
交尾（左）♀（右上）♂（右下）

51 红眼蟌

Erythromma najas (Hansemann)

（王志明　摄）

雌性整个身体都没入水下产卵（上左）　交尾（上右）　♀（下左）　♂（下右）

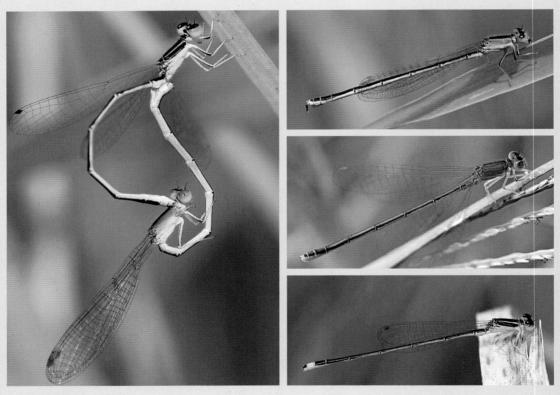

52 东亚异痣蟌

Ischnura asiatica (Brauer)

（王志明　摄）

交尾（左）　♀（右上）　♀红色型（右中）　♂（右下）

53 长叶异痣螅
Ischnura elegans (Vander Linden)
（王志明　摄）
交尾♀♂同型（上左）交尾♀♂异型（上右）♀蓝色型（中左）　♀红色型（中右）♀黄色型（下左）　♂（下右）

54 刀尾丝螅
Lestes barbarus (Fabricius)
（王志明　摄）
♀（左）♂（右）

55 足尾丝螅
Lestes dryas Kirby
（王志明　摄）
♀（左）♂（右）

56 桨尾丝螅
Lestes sponsa (Hansemann)
（王志明 摄）
连接产卵（左）♀（右上）♂（右下）

57 蓝绿丝螅
Lestes temporalis Selys
（王志明 摄）
♀♂连接（左）♀（右上）♂（右下）

58 蓝纹尾螅
Paracercion calamorum (Ris)
（王志明　摄）
连接（左）♀（右上）♂（右下）

59 隼尾螅
Paracercion hieroglyphicum (Brauer)
（王志明　摄）
连接（上）♀（下左）♂（下右）

60 七条尾蟌

Paracercion plagiosum (Needham)

（王志明　摄）

♀（左）♂（右）

61 捷尾蟌

Paracercion v-nigrum (Needham)

（王志明　摄）

连接（左）♀（右上）♂（右下）

62 叶足扇螅
Platycnemis phyllopoda Djakonov
（王志明　摄）
交尾（左）♀（右上）♂（右下）

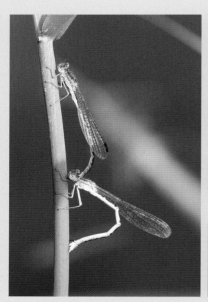

63 三叶黄丝螅
Sympecma paedisca (Brauer)
（王志明　摄）
连接（左）♀（右上）♂（右下）

1. 简介

半翅目名称源于异翅亚目Heteroptera的前翅为半鞘翅，包括传统的半翅目和同翅目Homoptera。该目昆虫俗称蝽、蝉、蚜、蚧等，属有翅亚纲、渐变态类。为不完全变态类昆虫中种类数量最多的目，全世界已记载95 000多种，中国已记载约12 200多种。世界性分布，以热带、亚热带种类最为丰富。

■ 分类：目前，多数分类学家主张将半翅目分为胸喙亚目Sternorrhyncha、蜡蝉亚目Fulgoromorpha、蝉亚目Cicadorrhyncha、鞘喙亚目Coleorrhyncha和异翅亚目Heteroptera共5个亚目。

■ 成虫：体微型至巨型。

头部：刺吸式口器，后口式；上颚和下颚特化成极为细长的骨化口针，4根口针共同嵌合组成1个口针束，成为取食时刺入食物的构造；有些种类的口器退化，如介壳虫的雄性无口器；下唇特化成喙；喙3～4节，少数5节、2节或1节，从前足基节间伸出，或从头部前下方或后下方伸出；触角短，刚毛状、锥状或长丝状；复眼发达或退化；单眼2～3个或缺如。

胸部：前胸背板发达；中胸明显，背面可见小盾片；后胸小；一般有2对翅，前翅半鞘翅、覆翅或膜翅，后翅覆翅或膜翅；停息时，翅常置在背上呈屋脊状，或前翅覆盖在身体背面，后翅藏于其下；部分种类只有1对前翅或无翅，如雄性介壳虫只有1对很薄的前翅，后翅退化成平衡棒；半鞘翅加厚的基半部常被爪片缝分为革片和爪片，有的革片还被分为缘片和楔片；膜质的端半部是膜片，膜片上常有翅脉和翅室；胸足发达，有步行足、开掘足、捕捉足、跳跃足或游泳足；跗节多数2～3节，少数种类1节或缺如。

腹部：一般10节，可见节因种类的不同而异；异翅亚目的腹部背板与腹板汇合处形成突出的腹缘；部分种类腹部还有发音器、听器、腹管或管状孔等结构；雌虫一般有发达的产卵器，但介壳虫和蚜虫等无瓣状产卵器；胸部或腹部常有臭腺或蜡腺；异翅亚目成虫臭腺开口于后足基节前，但臭虫的臭腺开口于腹部第1～3节背板上；若虫的臭腺都位于腹部第3～7节背板上；无尾须。

■ 生活史：渐变态，经历卵、若虫和成虫3个阶段。但雄性介壳虫和粉虱的末龄若虫不吃不动，极似全变态的"蛹期"，属过渐变态。蝽、蝉、叶蝉和飞虱等有发达的产卵瓣，将卵产于植物组织内或土中，而蚜虫、介壳虫、木虱和粉虱等无特化的产卵瓣，将卵产于寄主表面。卵单产或聚产。产于植物表面的卵为桶形、短圆柱形或短卵形，常多粒整齐排列；产于植物组织内的卵为长卵形或肾形，单粒或多粒成行排列。若虫一般4～5龄，少数3龄或6～9龄。粉虱和蚧类的1龄若虫体卵圆形，触角和足发达，到处爬动，进行扩散。当脱皮变成2龄若虫进行固定生活时，触角和足退化。

1年发生1代或多代，少数几年甚至十多年才发生1代。一些蚜虫和介壳虫在生活史中要进行转主寄生。以成虫或卵越冬。

■食性：大部分种类为植食性，吸食植物的各个部分的汁液。部分种类为肉食性，吸血或捕食其他昆虫。多数为多食性，少数为寡食性或单食性。

■习性：有陆栖、水面栖或水中栖。陆栖种类大多数生活在植物枝叶或花果上，部分生活于虫瘿内、树皮下、土壤表面或土壤中，少数外寄生于鸟类或哺乳类。

多数种类白天活动，少数夜间活动。部分种类低龄若虫集群生活。成虫有较强的趋光性和护卵习性。

蝽类昆虫受惊扰时可以从臭腺喷出液体，有浓烈的臭味，用以防御。

共栖现象：半翅目中的胸喙亚目和蜡蝉亚目，用刺吸式口器刺入寄主的韧皮部取食，其液体食物中的水和糖多，但蛋白质和氨基酸少，为了浓缩蛋白质和氨基酸，大量的水和糖通过肛门排出体外，被蚂蚁取食。蚂蚁追随其后，舔食蜜露，并保护它们不受天敌的侵扰。有的蚂蚁在晚秋或冬季将这些昆虫或其卵搬回巢内过冬，到春季再把它们搬回到寄主植物的嫩芽上。因此，在这类昆虫危害的植物上，经常看到有大量蚂蚁在活动。

了解和研究半翅目昆虫，具有多方面的意义：

半翅目昆虫多数种类是植食性，以口器刺入植物组织内吸食汁液，使受害部位萎蔫或畸形，甚至整株枯萎或死亡。如烟粉虱*Bemisia tabaci* (Gennadius) 作为一种多食性的世界害虫，于20世纪90年代中期在我国南方开始爆发，对蔬菜和园林花卉植物等生产构成严重威胁。棉盲蝽可在5~7月侵入棉田，刺吸棉株嫩头幼芽生长点和幼嫩花蕾、果实的汁液，引起棉蕾脱落或形成无蕾棉株。高粱蚜*Melanaphis sacchari* (Zehntner) 为害高粱叶，严重时被害作物叶片变色，不能拔节抽穗，产量明显下降。

除直接为害外，有些种类还传播植物病毒病，传播病害造成的损失比直接造成的损失更大；有些种类能分泌蜜露引起霉菌滋生，影响植物的光合作用，成为重要的农林害虫；还有一些种类寄生于鸟或哺乳动物的体外，直接危害人畜并传播疾病，是重要的医学或动物害虫。

但半翅目中的有些种类是对人类非常有益的资源昆虫。如白蜡虫*Ericerus pela* Chavannes雄性分泌虫白蜡，胭脂虫*Dactylopius coccus* Costa的虫体可以提取胭脂红酸，利用南方小花蝽*Orius similis* Zheng防治棉花和蔬菜的害虫。还有些种类能鸣叫，或体色鲜艳，或形状怪异，是重要的观赏昆虫。

2. 检索表

15 头的眼前部分向前平伸或稍向下倾斜；触角第1节顶端及第4节膨大；后足顶端膨大成棒状.................
....跷蝽科Berytidae

　　头的眼前部分向下垂直；触角第1节顶端及第4节不膨大；后足腿节顶端也不膨大 ....
....束蝽科Colobathristidae

16 膜片翅脉在基部形成1或2个翅室，由此分出许多支脉 17

　　膜片具4～5条简单的纵脉，不形成翅室，有单眼 18

17 头的侧叶甚长，在中叶的前方互相接触；有单眼；触角第1节特粗，密生刚毛；身体颜色黑暗
....狭蝽科Stenocephalidae

　　头的侧叶不长于中叶；无单眼；触角第1节不特粗；身体一般红色，或具红黑色花纹 ....
....红蝽科Pyrrhocoridae

18 前胸背板及前翅革片光、平或具细小刻点；前胸背板无纵脊或仅具1条中央纵脊 ....
....长蝽科Lygaeidae

　　前胸背板、前翅革片及膜片基部具密集的网状小室；前胸背板中央具2条或3条纵脊 ....
....皮蝽科（拟网蝽科）Piesmidae

19 身体极扁平；无单眼；有翅型小盾片不被包围在两个爪片之中，两个爪片不互相接触形成爪片接合
　　缝；触角粗短，触角基部通常极发达；头常具眼后刺；前足腿节不粗大；前足胫节腹面无成列的刺；
　　跗节2节；常隐居于树皮下，取食菌类的菌丝..扁蝽科Aradidae

　　身体不扁平；有单眼；小盾片被前翅两个爪片所包围，两个爪片形成完整的爪片接合缝；触角细长，
　　触角基部不特别发达；头的两侧无眼后刺；前足腿节较粗大；前足胫节腹面具2列小刺；跗节3节；
　　多生活于低矮的植物上，捕食其他昆虫 ....姬蝽科Nabidae

20 无单眼；前翅膜片多具2个翅室；跗节3节，若2节，则第1节甚长 ....盲蝽科Miridae

　　有单眼；前翅膜片具1个翅室；跗节2节，第1节短于第2节 ....树蝽科Isometopidae

21 前翅具缘片；无翅种类没有单眼 22

　　前翅无缘片；无翅种类有单眼 23

22 翅退化；寄生于人、蝙蝠及鸟类体外 ....臭虫科Cimicidae

　　前翅通常完全；自由生活，小型，捕食性 ....花蝽科Anthocoridae

23 触角鞭状，基部2节粗短，端部2节细长，具长毛，第3节基部也较粗；小型昆虫生活低洼水边苔藓中
.... 24

　　触角非鞭状，有时第1及第2节较粗，但不极短，第3节基部不较粗 25

24 眼向后突出，覆盖前胸背板的前角；背面观头前端横宽，极度向下弯曲；前翅无楔片缝 ....
....裂蝽科（毛角蝽科）Schizopteridae

　　眼不向后突出，不覆盖前胸背板的前角；头向前平伸或稍向下弯曲；前翅前缘中部具楔片缝 ....
....鞭蝽科Dipsocoridae

25 单眼位于连接两眼后缘的直线后方；前翅膜片不形成4个或5个并列的翅室 26

　　单眼位于两眼之间；前翅膜片具环形翅脉，形成4个或5个并列的翅室...................................... 28

26 喙较长，超过中胸腹板中央，不用时不嵌于前胸腹板的沟中，第2节极细长，长于其他各节之和；前
　　翅前缘内外圆凸；具明显的楔片缝..捷蝽科Velocipedidae

喙较短，不达到足基节，通常弯曲，不用时其尖端抵于前胸腹板纵沟中；前翅前缘不圆凸；无楔片缝

27 前足腿节膨大，与胫节及跗节形成镰刀状或钳状；触角末节膨大，常潜伏于花叶；捕食采花昆虫
前足腿节不膨大，或一般粗大，胫节与跗节不似上述的变化

28 两个单眼互相靠近，位于1个圆形突起上；前胸背板后缘不向内凹陷；喙及足均具长刺
两个单眼不互相靠近，不位于1个突起上；前胸背板后缘向内凹陷；喙及足不具长刺

29 前足胫节由基部至顶端逐渐宽阔；跗节1节，着生于宽阔胫节顶端的背侧，不用时折叠于胫节顶端；
头狭长，在眼后方极度细缩，眼后部分成球状；前胸背板前缘狭窄，后端宽阔
前足、头及前胸背板不似上述构造；生活于水边或水面的种类

30 爪位于跗节的顶端；跗节末端不分裂
爪不位于跗节顶端；跗节末端分裂；无单眼；疾行于各种水面上

31 身体细长；头狭长，等于或长于胸部；眼远离前胸背板前缘；无单眼；生活于近岸的水面上
身体不细长；头短于前胸背板与小盾片之和；眼接近前胸背板的前缘；长翅型有单眼

32 两个小颊在头的腹面形成1个纵沟，纵向延伸至头与胸部腹面；触角4～5节，基部2节明显粗于其他
各节；跗节2节；小型、短粗；生活于苔藓中
两个小颊不形成纵沟，腹部腹面无纵沟；触角4节，各节粗度约相等；跗节3节，第1节甚小；小型；

33 中足与前、后足的距离相等；喙3节
前足与中足的距离远大于中足与后足的距离；喙4节

34 有单眼

35 喙短，不超过前足基节；触角隐藏于眼下的沟中，内背面不可见；前足腿节宽，其前面具凸缘或纵
沟，与胫节配合，适于捕捉；生活于水边的泥沙中
喙长，至少达到后足基节；触角游离，不隐藏于眼下的沟中，内背面可见；前足简单，与中、后足

36 喙较长，分节明显，3～4节；前足跗节正常，不特化为铲状；头的后缘不覆盖前胸背板的前缘
喙宽短，陷入唇基内，分节不明显；前足跗节特化成铲状，边缘具硬毛；头与前胸背板约等宽，头
的后缘覆盖前胸背板的前缘

37 头与前胸背板愈合；背面仅具1条弯曲的线缝；触角1或2节；无产卵器
头不与前胸背板愈合，有时部分愈合，但其间的缝隙较深；触角3或4节；具产卵器

38 身体背面极度隆起；前足非捕捉式
身体背面不极度隆起；前足捕捉式，通常腿节极粗，后足具爪

39 身体卵圆形，背面圆鼓，但不形成船底状；腹部腹面有中央纵脊；触节3节；后足短，具2爪；胫节
身体长形，背面鼓起成船底状，适于在水中游泳；腹部腹面无中央纵脊；触角4节；后足长桨状，无爪；

　　　　胫节扁平 .... 仰蝽科（仰泳蝽科）Notonectidae

40　腹部末端有1对长呼吸管，不能缩入体内；触角3节 .... 蝎蝽科Nepidae
　　腹部末端无呼吸管，如有则短而扁，可以缩入体内；触角4节 41

41　前翅膜片具翅脉；腹部末端有1对短而扁平的呼吸管 .... 负子蝽科Belostomatidae
　　前翅膜片无翅脉；腹部末端无呼吸管 .... 潜蝽科（潜水蝽科）Naucoridae

42　喙显然出自头部；触角短，刚毛状；前翅有明显的爪片；跗节3节 43
　　喙显然出自前足之间，或全退化；触角长丝状；跗节1~2节 58

43　单眼3个；前足变粗，下方多刺；无中垫，雄虫腹基部常有发音器（蝉总科Cicadoidea）...蝉科Cicadidae
　　单眼2个或无；前足不如上述；中垫发达；无发音器；后足能跳跃 44

44　前胸背板向后延伸至腹部上方，呈各式角状突（角蝉总科Membracoidea）.................... 角蝉科Membracidae
　　前胸背板不盖住小盾片，有时呈耳状或叶状突起 45

45　后足基节长，扩展到腹部侧缘；胫节有纵脊，上面有2列以上的刺；触角刚毛状（叶蝉总科Cicadelloidea）
　　.. 叶蝉科Cicadellidae
　　后足基节短，不向侧面扩张；胫节有侧刺及端刺；触角锥状 46

46　中足基节短，左右靠近；后足基节能活动；前翅前缘基部无肩板（沫蝉总科Cercopoidea）..................
　　.. 沫蝉科Cercopidae
　　中足基节长，生于体内侧，互相远离；后足基节固定不能动；前翅前缘基部有肩板（蜡蝉总科
　　Fulgoroidea） 47

47　后足胫节末端有1可动大距 .... 飞虱科Delphacidae
　　后足胫节末端无上述大距 48

48　后足第2跗节不极小，端部平截或有缺刻，且有1列小刺 49
　　后足第2跗节小或极小，端部一般圆或尖而无刺，或每侧只有1个刺 53

49　前翅爪脉上有颗粒状突起，下唇末节长大于宽 .... 粒脉蜡蝉科Meenoplidae
　　前翅爪脉无颗粒，如有则下唇末节小，不长于其宽 50

50　后翅臀区网状，多横脉；唇基有侧脊；头多向前延伸似象鼻 .... 蜡蝉科Fulgoridae
　　后翅臀区非网状 51

51　下唇末节长宽约相等；翅极狭长 .... 袖蜡蝉科Derbidae
　　下唇末节长大于宽 52

52　头向下突伸，有时很长；额有2~3条脊；无中单眼 .... 象蜡蝉科Dictyopharidae
　　头不向前突伸；额有1条中脊；常具中单眼 .... 菱蜡蝉科Cixiidae

53　后足第2跗节每侧各具1刺 54
　　后足第2跗节小，无刺 56

54　中胸背板被1条横沟划分出1个后角；后足第1跗节长 .... 扁蜡蝉科Tropiduchidae
　　中胸背板不被横沟划分；后足第1跗节短或小 55

55　前翅爪片无颗粒；体型似瓢虫 .... 瓢蜡蝉科Issidae
　　前翅爪片有颗粒；体型似蛾 .... 蛾蜡蝉科Flatidae

56　前翅外缘很宽，与后缘宽度约相等；前缘区内有1列横脉，爪片长 .... 广翅蜡蝉科Ricaniidae
　　前翅外缘小于后缘宽度；前缘区无1列横脉；爪片短 57

57 额宽大于长，两边有角，无纵脊 .... 颜蜡蝉科Eurybrachidae

    额稀有宽大于长者，两边无角，有纵脊1~3条 .... 璐蜡蝉科Lophopidae

58 跗节2节，等大；两性有翅 59

    跗节1节或2节，但第1节退化很小；有的种类无翅 60

59 触角9~10节，末端有长、短刚毛各1条；前翅革质；有明显的爪片；主脉为3个叉状分枝；翅透明或有斑纹，无白色蜡粉（木虱总科Psylloidea） .... 木虱科Psyllidae

    触角7节；翅膜质；无爪片；主脉简单；翅上被有白色蜡粉或斑点（粉虱总科Aleyrodoidea） ....

    .... 粉虱科Aleyrodidae

60 触角3~6节，有明显的感觉圈；如有翅则为2对，前翅有翅痣，翅脉分支4条以上；腹部常有腹管（蚜总科Aphidoidea） 61

    触角节数不定，无明显的感觉圈；雄性仅有1对前翅，翅脉2支，雌性无翅，足及触角也常退化；无翅痣；无腹管（蚧总科Coccoidea） 64

61 腹管1对，长或短；前翅除与翅痣相连的1前缘粗脉外，至少有4条细脉 62

    无腹管；前翅除与翅痣相连的1个前缘粗脉外，只有3条细脉 63

62 腹管明显，多少突出一些，有时很长；触角上的感觉圈为圆形而非条状 .... 蚜科Aphididae

    腹管不一，或呈环状，不突出；触角上的感觉圈多围绕触角呈环状或条状 .... 绵蚜科Eriosomatidae

63 前翅有2条细脉，基部共柄；静止时翅平放背上 .... 根瘤蚜科Phylloxeridae

    前翅有3条细脉，彼此分离；静止时翅呈脊状斜放背上 .... 球蚜科Adelgidae

64 雌虫有腹气门，若无则多孔腺的中盘区有几个孔，形成1个长形孔；雄性成虫有复眼 65

    雌虫无腹气门，多孔腺的中盘区只有1个圆孔；雄虫无复眼 66

65 有肛环，上面的孔极多，排列成片；体上的毛粗而钝 .... 旌蚧科Ortheziidae

    无肛环 .... 珠蚧科Margarodidae

66 无肛环，有臀板 .... （部分）盾蚧科Diaspididae

    有肛环 67

67 肛环上有刚毛 68

    肛环上无刚毛（若虫有），也无孔纹 73

68 肛孔上无肛板覆盖 69

    肛孔上有肛板覆盖 72

69 肛环刚毛2根，肛环上无孔纹 .... （部分）盾蚧科Diaspididae

    肛环刚毛2根以上 70

70 肛环刚毛4~8根，无"8"形盘腺 .... 粉蚧科Pseudococcidae

    肛环刚毛6~10根 71

71 有"8"形盘腺 .... 链蚧科Asterolecaniidae

    无"8"形盘腺，肛环刚毛10根 .... 胶蚧科Kerriidae

72 肛板2片 .... 蚧科Coccidae

    肛板1片 .... 仁蚧科Aclerdidae

73 胸气门位于体后部，且缩在管道内 .... 头蚧科Beesoniidae

    胸气门位置正常，不缩在管道内 .... 红蚧科Kermesidae

3. 常见种类生态照片

共11种半翅目昆虫的生态照片。

1 蚜虫
Aphis spp.
（任炳忠 摄）

2 沫蝉
Cercopidae sp.
（任炳忠 摄）

3 辉蝽
Carbula humerigera (Uhler)
（任炳忠 摄）

4 赤条蝽
Graphosoma rubrolineata (Westwood)
（任炳忠 摄）

5 斑红长蝽
Lygaeus teraphoides Jakovlev
（任炳忠　摄）

6 小长蝽
Nysius ericae (Schilling)
（任炳忠　摄）

7 碧蝽
Palomena angulosa Motschlsky
（任炳忠　摄）

8 日本真蝽
Pentatoma japonica Distant
（任炳忠　摄）

9 红足真蝽
Pentatoma rufipes (Linnaeus)
（任炳忠　摄）

10 金绿宽盾蝽
Poecilocoris lewisi (Distant)
（任炳忠　摄）

11 点伊缘蝽
Rhopalus latus (Jakovlev)
（任炳忠　摄）

（一）脉翅目Neuroptera

1. 简介

脉翅目昆虫通称"蛉"，主要包括草蛉、粉蛉、蚁蛉、褐蛉和螳蛉等。属有翅亚纲、全变态类。该目昆虫最显著的特征是其2对翅上有许多纵脉和横脉，形成网状的脉相，起着像腱一样的加固作用。全世界已知约5 700种，中国约纪录790余种。广泛分布在各大动物地理区。

成虫体微型至大型，体柔软，有时生毛或覆盖蜡粉；头活动灵便，下口式，上颚通常较发达，具一强大的端齿，并常具一内齿；下颚可见内颚叶、外颚叶及5节的下颚须；下唇突出，下唇须3节；口器咀嚼式；触角柄节粗大，梗节较小，鞭节细长而多节，节数、长短和形状多样化，一般为丝状、念珠状、棒状或球杆状等；复眼发达，左右相离；多数种类无单眼，少数有3个单眼；胸部3节分界明显，前胸形状变化较大，呈矩形或梯形，中胸和后胸相似；前翅和后翅膜质，形状和大小相似，但脉序常有差别，一些种类有翅痣；翅脉网状，在翅缘附近的纵脉常分叉；前翅无臀褶，部分种类后翅很小或退化；停息时2对翅折叠于体背呈屋脊状，明显超出腹末；足3对，基节短粗，转节小，腿节粗大，跗节5节，爪1对，一般为步行足，但螳蛉科Mantispidae的前足特化为捕捉足；腹部柔软，10节；无尾须。

幼虫均为寡足型；头部每侧各有单眼5~7个；口器捕吸式（双刺吸式），前口式，上颚延长而腹面有纵沟，下颚紧贴在沟下组成1条管子，以适于捕获和吮吸猎物体液；触角多呈刚毛状或丝状，分成许多环节，或仅2~3节；胸部3节，前胸多呈梯形，中胸和后胸横宽；胸足3对，较发达；腹节10节，1~8节各有1对气门，无腹足。

绝大多数种类是全变态，但螳蛉幼虫寄生于蜘蛛卵囊里或胡蜂的蜂巢内，为复变态。卵多为椭圆形或倒卵形，卵壳表面有细致的网纹。卵单产或聚产。幼虫3~4龄。高龄幼虫的马氏管能分泌丝液，贮藏于丝囊内，通过尾吐丝器来抽丝结茧。老熟幼虫于丝茧内化蛹。蛹为离蛹，多包在丝质薄茧内。一般1年1至数代，也有2~3年完成1代的。多数种类以老熟幼虫在茧内越冬，成虫越冬时其体色常有变化。

脉翅目大多数种类的幼虫为陆生，少数种类的幼虫为水生或半水生，如水蛉、泽蛉或溪蛉等幼虫。其成虫和幼虫均为捕食性，主要以蚜虫、介壳虫、红蜘蛛、粉虱、木虱、蓟马的卵和幼虫为食，也捕食蛾、蝶幼虫和甲虫幼虫等，有些种类甚至能够捕食金龟子、蝼蛄等大型害虫。

因脉翅目昆虫均为肉食性，能够捕食多种农林害虫的卵和幼虫，因此它们已成为农林上极为重要的天敌昆虫。如草蛉*Chrysopa rufilabris* Burmeister是美国棉田里红蜘蛛的重要天敌，成长中的幼虫平均每天能捕食80头棉红蜘蛛。我国通过释放大草蛉*Chrysopa pallens* (Rambur) 和丽草蛉Chrysopa formosa Brauer等来防治果树、蔬菜和农作物上的害虫。脉翅目昆虫在医药上还有一定的价值，可以利用它们配药来医治"脊椎蛛网膜粘连"等神经性疑难症。

2. 常见种类生态照片

草蛉 Chrysopidae sp.
（任炳忠　摄）

（二）长翅目Mecoptera

1. 简介

长翅目昆虫一般称为"蝎蛉"，属有翅亚纲、全变态类。全世界已记载680种左右，中国已知约220种。广泛分布于亚热带和温带，少数产于热带。

成虫体小型至中型；头部向腹面极度延长，形成一个特殊的长喙；口器咀嚼式，位于喙的下方，下口式；上唇很小，与极度延长的唇基之间无明显的缝相隔；上颚细长，仅在其端部呈齿状；下颚完整，下颚须5节；触角长，丝状；多数种类复眼发达，少数退化；有翅型有3个单眼，排成三角形，无翅型无单眼；前胸小，中胸和后胸发达；翅2对，膜质、狭长，且前、后翅的大小、形状和脉序均相似，翅面上常具明显的翅痣和斑纹，停息时2对翅呈屋脊状叠放于体背；部分种类翅为短翅或无翅；足多细长，基节和转节发达；跗节5节，基跗节比其他几节长的多；爪通常成对存在；腹部11节，第1节与后胸愈合，第7～10节圆柱形，每节都可嵌入前一节内；尾须短；蝎蛉科Panorpidae雄虫第9腹板向后延伸成叉状突起，其外生殖器膨大呈球状，末端几节向背面翘起如蝎子的螯尾。

蝎蛉科和蚊蝎蛉科Bittacidae的幼虫为蠋型，头明显骨化和发达，每侧各有由3～30个小眼构成的复眼；口器咀嚼式，下口式；足肉质但分节明显，且具单爪，前胸盾骨化，第1～8腹节上具亚锥形腹足。拟蝎蛉科Panorpodidae和雪蝎蛉科Boreidae幼虫为特化的蛴螬型，口器咀嚼式，下口式；腹部短粗，无腹足，胸足粗、肉质，末端具细长的管状突起。小蝎蛉科Nannochoristidae幼虫略呈蛴型，口器咀嚼式，前口式；胸足短，无腹足。

全变态。卵单产或聚产于地表或土中，圆形。幼虫4龄，生活在树木茂密的苔藓、腐木、或肥沃泥土和腐殖质中，偶见于洞穴中，在土壤中化蛹。蛹是具颚离蛹。通常1年发生2代。多数种类以幼虫越冬。

绝大多数种类陆栖，成虫和幼虫生活于荫湿森林或峡谷等植被茂密地区的土壤表面，只有小蝎蛉科的幼虫水生。食性杂，多数种类为肉食性，少数为腐食性或植食性，主要取食小昆虫，也取食花蜜、花粉、花瓣、果汁和苔藓等作为补充食物。

长翅目昆虫大多发生在潮湿的森林、峡谷或植被茂密的地区，在森林植被遭到破坏的地区数量少且不常见，主要取食死的软体昆虫，捕食各种昆虫或取食苔藓类植物。因此，是一类重要的生态指示昆虫。

2. 常见种类生态照片

刘氏蝎蛉 *Panorpa liui* Hua
（任炳忠　摄）

（三）蜉蝣目Ephemeroptera

1. 简介

蜉蝣目昆虫简称"蜉蝣"，属有翅亚纲、原变态类。蜉蝣的起源很古老，原始的古蜉蝣距今已有两亿多年的历史，是现存最古老的有翅昆虫，为昆虫纲的一类活化石。全世界已记载约3 050种，中国已知约360种。主要分布在热带至温带的广大地区，其分布与数量受到温度、水质、流水速度、食物等多种因素的影响。

成虫体小型至中型，纤细柔软；头从上面看呈三角形；面部由额和头顶愈合而成；口器咀嚼式，但高度退化，不具咀嚼能力，下口式；仅存2~3节下颚须；触角刚毛状，一般短于头部的宽度；雄虫复眼较发达，通常相互紧靠，雌虫复眼小，一般彼此分离；单眼3个，1个较小的中单眼和2个侧单眼；前胸和后胸一般较小而不明显，中胸最大且坚硬；翅膜质，透明，一般为2对，翅面有许多加插脉；前翅大，三角形；后翅小，近圆形，甚至退化消失；停息时，2对翅竖立于体背；雄虫前足延长，停息时常向前伸，婚飞时用于抱握雌虫；腹部多数10节，第11节仅存退化的背板；有1对细长多节的尾须，约为体长的2~3倍；中尾丝1根，相当于第

11节腹节背板的延伸，但多数种类消失。

稚虫体扁平；头部具有各式各样的突起和体毛；口器咀嚼式，具有摄食的全部功能，通常隐藏在头颅的下面或后面；复眼发达，位于侧面或背面后侧缘；单眼3个，较明显；触角丝状；胸部3节，前胸背板较成虫发达；中胸背板占胸部的大部分；后胸背板常被前1节背板盖住；足的前跗节仅有1个爪；腹部10节，第1～2节常隐藏在中胸背板下；腹部侧面有4～7对叶状气管鳃；有分节的尾须及中尾丝。

原变态，包括卵、稚虫、亚成虫和成虫4个阶段。卵极小，但形态各异，表面有不同的雕纹，还具有各种黏附结构。稚虫一般蜕皮10～15次，少数可多达55次。成虫寿命极短，一般仅生活1～2h，多则几天。在温度适宜的地区，多数种类1年可发生2～3代；在热带地区的某些种类1年可发生4～6代。多数以稚虫越冬，但也有以卵越冬的。

成虫陆生，常在水域附近活动，不取食，有强趋光性和婚飞习性。婚飞时，成群雄虫在水域附近的空中飞舞，当有雌虫飞入时，雄虫即用前足抓住雌虫，在飞行中交配。交配时间大约不到半分钟，然后两个虫体一起下降，到达地面时，两虫又立刻分开，雄虫不久就会死去。稚虫水生，晚上活动活跃，取食水生小型动物、藻类和腐殖质。

由于不同蜉蝣种类及其外部形态与它们的水生生活小环境和生活习性有密切的关系，因此，蜉蝣稚虫在水质监测中得到广泛应用。

2. 常见种类生态照片

蜉蝣 Ephemeroptera sp.
（任炳忠　摄）

（四）螳螂目Mantodea

1. 简介

螳螂目昆虫通称"螳螂"，属有翅亚纲、渐变态类。全世界已知约2 380余种，中国已知约170种。除极冷地带外，热带、亚热带和温带的大部分地区均有分布。

成虫体小型至巨型，体一般细长或略呈圆筒形，有些种类扁平呈叶状，少数种类呈棒状；

头三角形或近五角形，活动自如；口器咀嚼式，上颚发达，下口式；触角形态各异，通常呈丝状、念珠状或栉状等；复眼发达，向两侧突出；单眼3个；前胸明显延长，呈细颈状，能活动；中胸和后胸短而阔；前翅覆翅，后翅膜翅，臀区发达，但飞行能力不强，静止时翅折叠于腹背上，雌性后翅常常退化；前足捕捉足，基节甚长、能动，腿节和胫节具强刺；中足和后足细长，为步行足；跗节4节或5节，缺中垫；停息时前足弯曲、举起；腹部10节；尾须线状，多节。

渐变态。卵产于卵鞘中。卵鞘常附于树枝、墙壁或石块上，个别在土中，内含卵10～400粒。多数种类在晚秋产卵，次年6月初逐渐孵化。卵鞘的类型、大小因种类而异。卵孵化后，若虫借助第10腹节腹板上的细丝连接虫体或悬挂在卵鞘上。之后开始在植株或草地、石块间活动。若虫3～12龄，其外部形态与成虫非常相似，仅翅的发育在达成虫期才完成。1年完成1代，以卵在卵鞘中越冬。

肉食性，主要通过伏击方式捕食各类昆虫。

螳螂的卵鞘，药名"桑螵蛸"，具有补肾，助阳，缩尿等功能，还可用于治疗遗尿、冻疮和带状疱疹等症。成虫也可入药，主要治疗咽喉肿痛、下肢肿痛等症。某些种类还是一种优质的天然食品资源，如短胸大刀螳*Tenodera bravicollis* Beier成虫富含蛋白质、矿物质和微量元素。此外，有些种类色泽鲜艳，有些种类通体碧绿，有些种类全身金黄，独特的体形加上鲜艳的色泽斑纹，使其具有较高的观赏价值。

2. 常见种类生态照片

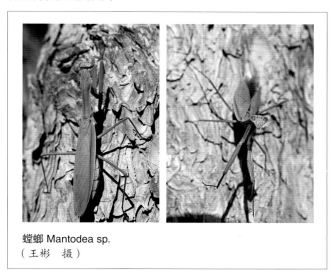

螳螂 Mantodea sp.
（王彬　摄）

（五）革翅目Dermaptera

1. 简介

革翅目昆虫俗称"蠼螋"，属有翅亚纲、渐变态类。该目昆虫主要特征为前翅革翅，短截，后翅如扇脉似骨。全世界已知1 970余种，中国已知310余种。多分布于热带、亚热带地区，温带较少。

成虫体小型至中型，体狭长而扁平，体壁坚硬；口器咀嚼式，前口式；上颚强壮，具齿，下颚仅具1对唇片，中唇舌消失；触角丝状，10～50节，第1节明显延长；触角节数常因种类而异，较原始类群的触角节数较多，而进化类群的触角节数较少；复眼发达，但蝠蝎的复眼退化呈痕迹状；无单眼；前胸背板略呈四角形，中胸背板三角形，后胸背板具后背板，并常与第1腹节背板相愈合；前翅短覆翅或短鞘翅，缺翅脉，端部平截；后翅膜质，扇形，翅脉呈放射状，停息时叠放在前翅下；部分种类无翅；足缺刺；跗节3节，第2跗节有时延伸至第3节之下或扩宽；具爪，爪间通常缺中垫；雌虫腹部8节，雄虫腹部10节；尾须坚硬如铗，故称尾铗，除少数属的若虫以外均不分节；通常雌虫尾铗直，雄虫尾铗内弯；尾铗是革翅目昆虫防御的有力武器，当其受惊扰时，常举起腹部并张开尾铗，以示恫吓，若遇劲敌则往往装死不动。

渐变态，卵生或胎生。一般在土中挖小洞产卵，每窝有卵20～80粒。卵呈卵圆形，乳白色，表面光滑。卵约经过一个月即孵化为若虫。若虫与成虫相似，仅尾须较简单。低龄若虫留居母体周围，受其保护。若虫5～6龄，蜕皮4～6次即羽化为成虫。翅芽一般于2龄时出现。通常以成虫或卵越冬。

食性较杂，常以植物花粉、嫩叶及动物腐败物为食；部分种类为肉食性，捕食蚜虫、介壳虫和螨类；少数种类外寄生于蝙蝠或啮齿类动物。

革翅目的昆虫大多喜欢夜间活动，白昼多隐藏于土中、石头或堆物下、树皮或杂草间，少数为洞栖。

革翅目昆虫在防治农业害虫方面具有重要的作用。如利用黄足肥蝎*Euborellia pallipes* Shiraki来防治甘蔗田中的甘蔗象鼻虫、螟虫和粉蚧壳虫等。利用袋小肥蝎*Euborellia annulata* (Fabricius)可以有效地抑制大田中的重要农业害虫玉米螟*Ostrinia furnacalis* (Guenée)的种群数量。

2. 常见种类生态照片

蠼螋 Dermaptera sp.
（任炳忠 摄）

参考文献

[1] 彩万志，庞雄飞，花保祯，等. 普通昆虫学. 2版[M]. 北京：中国农业大学出版社，2011.

[2] 戴立上. 鳞翅目三种不同科的昆虫线粒体基因组学分析[D]. 合肥：安徽农业大学，2016.

[3] 邓维安. 中国蚱总科分类学研究[D]. 武汉：华中农业大学，2016.

[4] 葛德燕，陈祥盛. 中国螳螂目昆虫的研究进展[J]. 山地农业生物学报，2004，23（6）：525-528.

[5] 葛斯琴，杨星科，李文柱，等. 鞘翅目系统演化关系研究进展[J]. 动物分类学报，2003，28（4）：599-605.

[6] 郭元朝，王成德. 内蒙古脉翅目昆虫的初步研究[J]. 内蒙古农业科技，2000（3）：14，44.

[7] 哈文光，余晓光，赵晓红. 新疆草原拟步甲的发生与防治[J]. 昆虫知识，1986，10（2）：71-73.

[8] 郝虎，孙建忠，刘建泉，等. 祁连山北坡熊蜂种类及区系研究[J]. 草业科学，2011，28（4）：667-670.

[9] 洪桂云. 鳞翅目昆虫线粒体全基因组结构特点及其比较基因组学分析[D]. 合肥：合肥工业大学，2009.

[10] 胡经甫. 中国昆虫名录·蜻蜓目[M]. 北京：北京自然史研究社，1935.

[11] 姜立云，乔格侠，张广学，等. 东北农林蚜虫志[M]. 北京：科学出版社，2011.

[12] 金杏宝，刘宪伟. 常见鸣虫的选养和观赏[M]. 上海：上海科学技术出版社，1996.

[13] 李典谟. 昆虫与环境[M]. 北京：中国农业科学技术出版社，2001.

[14] 李典谟，伍一军，武春生，等. 当代昆虫学研究[M]. 北京：中国农业科学技术出版社，2004.

[15] 李鸿兴，隋敬之，周士秀，等. 昆虫分类检索[M]. 北京：农业出版社，1987.

[16] 李隆术，朱文炳. 储藏物昆虫学[M]. 重庆：重庆出版社，2009.

[17] 李迎化. 吉林省蝶类志[M]. 长春：吉林教育出版社，2020.

[18] 林育真，许士国，战新梅. 四种直翅目昆虫矿物质营养成分分析[J]. 营养学报，2000，22（3）：276-277.

[19] 林育真，战新梅. 东亚飞蝗和中华蚱蜢的蛋白质与脂肪酸分析[J]. 资源开发与市场，2000，16（3）：145-146.

[20] 刘伯文，隋敏智. 东北蟊斯图说[M]. 哈尔滨：黑龙江科学技术出版社，2008.

[21] 刘芳政，哈文光，薛光华，等. 巩乃斯草原伪步甲初步观察[J]. 新疆八一农学院学报，1982（1）：1-8.

[22] 刘国卿，卜文俊. 河北动物志：半翅目：异翅亚目[M]. 北京：中国农业科学技术出版社，2009.

[23] 刘凌云，郑光美. 普通动物学. 4版[M]. 北京：高等教育出版社，2009.

[24] 刘绍鹏，贺峰，凤舞剑，等. 直翅目可食用昆虫研究进展[J]. 轻工科技，2016（11）：9-11.

[25] 刘玥. 廊坊地区玉米田四种鳞翅目害虫生态位研究[D]. 沈阳：沈阳农业大学，2017.

[26] 娄定风. 昆虫声学[M]. 北京：中国农业出版社，2012.

[27] 卢主廉. 桑螵蛸散加减治疗小儿遗尿症56例[J]. 江苏中医，1994，15（4）：14.

[28] 卢荣俊. 鳞翅目简介[J]. 硅谷，2010（4）：6.

[29] 罗科. 我国饲料昆虫的研究概况[J]. 昆虫知识，1989，26（2）：118-120.

[30] 马长宏. 单味中药治疗带状疱疹[J]. 河南中医，2002，22（5）：63.

[31] 欧阳玖，陈启杰，陈凤虎. 黑龙江省蜻蜓目（Odonata）昆虫调查初报[J]. 哈尔滨师范大学自然科学学报，1998，14（6）：89-93.

[32] 彭艳琼，杨大荣，周芳，等. 木瓜榕传粉生物学[J]. 植物生态学报，2003，27（1）：111-117.

[33] 钱晨. 吉林省蜻蜓目（昆虫纲）多样性研究[D]. 长春：吉林农业大学，2011.

[34] 乔格侠，张广学，姜立云，等. 河北动物志：蚜虫类[M]. 石家庄：河北科学技术出版社，2009.

[35] 任炳忠. 东北蝗虫志[M]. 长春：吉林科学技术出版社，2001.

[36] 任国栋，于有志. 中国荒漠半荒漠的拟步甲科昆虫[M]. 保定：河北大学出版社，1999.

[37] 盛茂领，孙淑萍. 中国林木蛀虫天敌姬蜂[M]. 北京：科学出版社，2010.

[38] 隋敬之，孙洪国. 中国习见蜻蜓[M]. 北京：农业出版社，1984.

[39] 谭京晶，任东. 中国中生代原鞘亚目甲虫化石[M]. 北京：科学出版社，2009.

[40] 谭正怀，雷玉兰，张白嘉，等. 桑螵蛸的药理比较研究[J]. 中国中药杂志，1997，22（8）：496-499.

[41] 滕兆乾. 山东省直翅目（Orthoptera）昆虫多样性研究[D]. 济南：山东师范大学，2002.

[42] 田静. 黄足肥螋的饲养和观察方法（简报）[J]. 西南农业大学学报，1999，21（4）：323.

[43] 汪兴鉴. 重要果蔬类有害实蝇概论：双翅目：实蝇科[J]. 植物检疫，1995，9（1）：20-30.

[44] 王红艳，韩立新，王炯，等. 苹果桃蛀果蛾发生及生物防治技术[J]. 现代农业科技，2009，（18）：160，163.

[45] 王佳佳，张维婷. 鳞翅目昆虫化石研究进展[J]. 环境昆虫学报，2018，40（2）：348-362.

[46] 王天齐. 中国螳螂目分类概要[M]. 上海：上海科学技术文献出版社，1993.

[47] 王小奇. 方红，张治良. 辽宁甲虫原色图鉴[M]. 沈阳：辽宁科学技术出版社，2012.

[48] 王直诚. 东北蝶类志[M]. 长春：吉林科学技术出版社，1999.

[49] 王治国. 中国蜻蜓名录昆虫纲：蜻蜓目[J]. 河南科学，2007，25（2）：219-238.

[50] 王宗庆，车艳丽. 世界蜚蠊系统学研究进展：蜚蠊目[J]. 昆虫分类学报，2010，32（增刊）：23-33.

[51] 习欠云，王珣章. 水生肉食亚目（Hydradephaga）系统发育学研究简论[J]. 昆虫知识，2010，47（6）：1274-1279.

[52] 夏凯龄，印象初. 郑哲民，等. 中国动物志：昆虫纲 第四卷：直翅目：蝗总科：癞蝗科 瘤锥蝗科 锥头蝗科[M]. 北京：科学出版社，1994.

[53] 肖利凤，张建华. 新疆北部地区蜉蝣目成虫的分类研究[J]. 石河子大学学报（自然科学版），2014，32（1）：21-27.

[54] 熊正英，席碧侠. 短胸大刀螳的化学组成及分析[J]. 陕西师范大学学报（自然科学版），1999，27（4）：93-96.

[55] 许佩恩，能乃扎布. 蒙古高原天牛彩色图谱[M]. 北京：中国农业大学出版社，2007.

[56] 许士国，林育真，战新梅. 三种昆虫蛋白质、氨基酸和脂肪酸的比较研究[J]. 营养学报，2000，22（4）：353-355.

[57] 许再福. 普通昆虫学[M]. 北京：科学出版社，2009.

[58] 严力蛟，张传溪，汤金尧. 昆虫生物资源的开发与利用[J]. 自然资源，1996（4）：26-33.

[59] 杨定，刘思培，董慧. 中国剑虻科、窗虻科和小头虻科志[M]. 北京：中国农业科学技术出版社，2016.

[60] 杨定. 河北动物志：双翅目. [M]. 北京：中国农业科学技术出版社，2009.

[61] 杨定，张莉莉，王孟卿，等. 中国动物志：昆虫纲 第五十三卷：双翅目：长足虻科[M]. 北京：科学出版社，2011.

[62] 杨定，张婷婷，李竹. 中国水虻总科志[M]. 北京：中国农业大学出版社，2014.

[63] 殷海生，刘宪伟. 中国蟋蟀总科和蝼蛄总科分类概要[M]. 上海：上海科学技术文献出版社，1995.

[64] 尹慧道. 档案库房蜚蠊目虫害防治探讨[J]. 档案学通讯，2000（2）：74-75.

[65] 尤大寿，归鸿. 中国经济昆虫志：第四十八册：蜉蝣目[M]. 北京：科学出版社，1995.

[66] 虞佩玉，王书永，杨星科. 中国经济昆虫志：第五十四册：鞘翅目：叶甲总科（二）[M]. 北京：科学出版社，1996.

[67] 于昕. 中国蜻蜓目蟌总科、丝蟌总科分类学研究（蜻蜓目：均翅亚目）[D]. 天津：南开大学，2008.

[68] 翟士勇，黄钢，董建臻，等. 我国重要吸血双翅目昆虫区系的研究进展[J]. 寄生虫与医学昆虫学报，2006，13（3）：178-184.

[69] 张春田，王强，刘家宇，等. 东北地区寄蝇科昆虫[M]. 北京：科学出版社，2017.

[70] 张大治，郑哲民. 中国蜻蜓目昆虫研究现状[J]. 陕西师范大学学报（自然科学版），2004，32（增刊）：97-100.

[71] 张海春，郑大燃，王博，等. 中国已知最大的蜻蜓：内蒙古侏罗纪的赵氏修复蟌蜓（Hsiufua chaoi Zhang et Wang, gen. et sp. nov）[J]. 科学通报，2013，58（14）：1340-1345.

[72] 张健. 吉林省天牛科昆虫分类学研究[D]. 长春：东北师范大学，2011.

[73] 赵修复. 中国棍腹蜻蜓分类的研究II[J]. 昆虫学报，1954，4（1）：23-82.

[74] 赵修复. 中国棍腹蜻蜓分类的研究III[J]. 昆虫学报，1954，4（3）：213-275.

[75] 赵修复. 中国棍腹蜻蜓分类的研究IV（蜻蛉目：棍腹蜻蜓科）[J]. 昆虫学报，1954，4（4）：399-426.

[76] 赵修复. 中国棍腹蜻蜓分类的研究V[J]. 昆虫学报，1955，5（1）：71-103.

[77] 赵修复. 中国箭蜓分类的研究, VI（蜻蜓目: 箭蜓科）[J]. 昆虫分类学报, 1982, 4（4）: 287-298.

[78] 赵修复. 中国箭蜓分类的研究, VII（蜻蜓目: 箭蜓科）[J]. 福建农学院学报, 1982（2）: 11-13.

[79] 赵修复. 中国箭蜓分类的研究VIII（蜻蜓目: 箭蜓科）——福建省相似日箭蜓新种描述[J]. 武夷科学, 1982, 2: 115-117.

[80] 赵修复. 中国春蜓分类[M]. 福州: 福建科学技术出版社, 1990.

[81] 郑方强. 中国蝗总科分类研究（直翅目: 镰瓣亚目）[D]. 泰安: 山东农业大学, 2013.

[82] 郑乐怡, 归鸿. 昆虫分类（上）[M]. 南京: 南京师范大学出版社, 1999.

[83] 郑乐怡, 归鸿. 昆虫分类（下）[M]. 南京: 南京师范大学出版社, 1999.

[84] 郑哲民. 蝗虫分类学[M]. 西安: 陕西师范大学出版社, 1993.

[85] 周冰颖, 顾婷婷, 胡春林, 等. 江苏省毛翅目完须亚目与尖须亚目昆虫（昆虫纲: 毛翅目）[J]. 金陵科技学院学报, 2017, 33（4）: 88-92.

[86] 周长发, 郑乐怡. 现存蜉蝣目昆虫的原始特征和独特性状[J]. 昆虫知识, 2003, 40（4）: 294-298.

[87] 周文豹, 罗华元, 胡永旭, 等. 中国弓蜻属研究（蜻蜓目: 伪蜻科、大蜻亚科）[J]. 云南农业大学学报, 1993, 8（2）: 111-114.

[88] 周繇, 朱俊义. 中国长白山蝶类彩色图志[M]. 长春: 吉林教育出版社, 2003.

[89] 周忠会. 中国色蟌总科区系分类研究（蜻蜓目: 均翅亚目）[D]. 贵阳: 贵州大学, 2007.

[90] 朱建华, 欧世金, 麦福珍, 等. 苍蝇对杧果的传粉作用及其与温度的关系[J]. 热带作物学报, 2006, 27（4）: 5-8.

[91] Bechly G. Phylogenetic Systematics of Odonata. Homepage on the Internet: https://dl.dropboxusercontent.com/u/13756162/Website/odonata/system.htm.2016.

[92] Carle F L. A new *Epiophlebia* (Odonata: Epiophlebioidea) from China with a review of epiophlebian taxonomy, life history, and biogeography[J]. Arthropod Systematics & Phylogeny, 2012, 70(2): 75-83.

[93] Caterino M S, Shull V L, Hammond P M, *et al*. Basal relationships of Coleoptera inferred from 18S rDNA sequences[J]. Zoologica Scripta, 2002, 31(1): 41-49.

[94] Dumont H J, Vierstraete A, Vanfleteren J R. A molecular phylogeny of the Odonata (Insecta) [J]. Systematic Entomology, 2010, 35: 6-18.

[95] Endress P K. Patterns of floral construction in ontogeny and phylogeny[J].Biological Journal of the Linnean Society, 1990, 39(2): 153-175.

[96] Hughes J, Longhorn S J, Papadopoulou A, *et al*.Dense taxonomic EST sampling and its applications for molecular systematics of the Coleoptera (beetles)[J]. Molecular Biology and Evolution, 2006, 23(2): 268-278.

[97] Hunt T, Bergsten J, Levkanicova Z, *et al*. A comprehensive phylogeny of beetles reveals the evolutionary origins of a superradiation[J]. Science, 2007, 318: 1913-1916.

[98] Johnson H J, Ruggirellob J E, Nack C C. Diel feeding periodicity of *Ephemera simulans* nymphs in summer and winter[J]. Journal of Freshwater Ecology, 2012, 27(2): 305-308.

[99] Klots A B. Lepidoptera. In: Tuxen S L.Taxonomist's glossary of genitalia in insects [M]. Copenhagen: Munksgarrd, 1970.

[100] Kristensen N P. Studies on the morphology and systematics of primitive Lepidoptera (Insecta)[J]. Steenstrupia, 1984, 10: 141-191.

[101] McFarland N. Notes on describing, measuring, preserving and photographing the eggs of Lepidoptera[J]. Journal of research on the Lepidoptera, 1973, 10: 203-214.

[102] Morse J C, Yang L F, Tian L X.Aquatic insects of China useful for monitoring water quality[M]. Nanjing: Hohai University Press, 1994.

[103] Nijhout H F.Wing pattern formation in Lepidoptera: a model[J]. Journal of Experimental Zoology, 1978, 206(2): 119-136.

[104] Ollerton J, Price V, Armbruster W S, *et al*. Overplaying the role of honey bees as pollinators: a comment on Aebi and Neumann (2011)[J]. Trends in Ecology & Evolution, 2012, 27(3): 141-142.

[105] Rehn A C. Phylogenetic analysis of higher-level relationships of Odonata[J].Systematic Entomology, 2003, 28(2): 181-239.

[106] Scoble M J. The Lepidoptera, form, function and diversity[M]. Oxford: Oxford University Press, 1992.

[107] Shin E H, Park C, Kim H K, *et al*.Insecticide susceptibility of *Ephemera orientalis* (Ephemeroptera: Ephemeridae) and two mosquito species, *Anopheles sinensis* and *Culex pipiens* in the Republic of Korea[J]. Journal of Asia-Pacific Entomology, 2011,

14(3): 233-236.

[108] Shull V L, Vogler A P, Baker M D, *et al*. Sequence alignment of 18S ribosomal RNA and the basal relationships of adephagan beetles: evidence for monophyly of aquatic families and the placement of Trachypachidae[J].Systematic Biology, 2001, 50(6): 945-969.

[109] Thien L B. Patterns of pollination in the primitive angiosperms[J]. Biotropica, 1980, 12(1): 1-13.

[110] Trueman J W H. A brief history of the classification and nomenclature of Odonata[J]. Zootaxa, 2007, 1668: 381-394.

[111] Wiebes J T. Co-evolution of figs and their insect pollinators[J]. Annual Review Ecology and Systematics, 1979, 10: 1-12.

[112] Yu X, Bu W J. Chinese damselflies of the genus *Coenagrion* (Zygoptera: Coenagrionidae) [J]. Zootaxa, 2011, 2808: 31-40.

中文名索引

学名索引